中等职业教育机械类系列教材

金属切削加工（二）——铣削

（第2版）

主　　编　夏建刚

副主编　向山东　赵澄清　贺泽虎

参　　编　刘　强　何启仁　张孝文

　　　　　王正强　李廷华　罗万琼

主　　审　戴　刚

U0240147

重庆大学出版社

内 容 提 要

本书的编写贯彻中澳职教理念,体现以任务驱动为导向。根据中等职业学校机械类专业的特点,以能根据图样运用铣床加工零件为目的,主要以 X6132 型铣床为代表,介绍铣床的基本部件及作用,铣床的维护保养,铣削的基本知识,铣削工件的定位、装夹,铣削加工零件,铣削平面、连接面、阶台、沟槽、特形沟槽、花键、螺旋槽、多边形和圆周刻线等。

本书可作为中等职业教育机械类专业的教材,参考学时为 120 课时,也可作为相关岗位人员的培训用书,还可作为职称、等级考试的参考用书。

图书在版编目(CIP)数据

金属切削加工(二):铣削/夏建刚主编.—重庆:重庆
大学出版社,2008.9(2021.12 重印)
(中等职业教育机械类系列教材)
ISBN 978-7-5624-4625-5

Ⅰ.金… Ⅱ.夏… Ⅲ.①金属切削—加工工艺—专业学
校—教材②铣削—专业学校—教材 Ⅳ.TG506 TG54

中国版本图书馆 CIP 数据核字(2008)第 129433 号

中等职业教育机械类系列教材
金属切削加工(二)——铣削
(第 2 版)

主 编 夏建刚
副主编 向山东 赵澄清 贺泽虎
主 审 戴 刚
责任编辑:王维朗 顾秋燕 版式设计:王维朗
责任校对:秦巴达 责任印制:张 策

*

重庆大学出版社出版发行
出版人:饶帮华
社址:重庆市沙坪坝区大学城西路 21 号
邮编:401331
电话:(023) 88617190 88617185(中小学)
传真:(023) 88617186 88617166
网址:http://www.cqup.com.cn
邮箱:fxk@ cqup.com.cn(营销中心)
全国新华书店经销
POD:重庆新生代彩印技术有限公司

*

开本:787mm×1092mm 1/16 印张:12 字数:300 千
2019 年 9 月第 2 版 2021 年 12 月第 6 次印刷
ISBN 978-7-5624-4625-5 定价:36.00 元

前　言

本书根据中等职业学校机械类专业的特点,以能根据图样运用铣床加工零件为目的,主要介绍了以下内容:

①熟悉铣床。以 X6132 型铣床为代表,介绍铣床的基本部件及作用,铣床的维护保养,强调文明生产和按操作规程做事。

②铣削的基本知识。能合理地选用铣刀,正确装卸铣刀,能合理地选用铣削用量和切削液。

③铣削工件的定位、装夹。能合理地选择工件的定位基准,掌握工件的定位、装夹的基本原理及方法。

④铣削加工零件。主要介绍如何铣削平面、连接面、阶台、沟槽、特形沟槽、花键、螺旋槽、多边形和圆周刻线等。

本教材在编写理念(中澳职教——重庆)、编写形式(项目——任务)和教学内容组织上都进行了大胆的探索,突出了以下特色:

①安全意识强。充分体现机械类行业的"生产必须安全,安全才能生产"的特点。

②注意与学生的实际状况相衔接。针对当前中等职业学校学生的实际情况,教材语言简单明了,通俗易懂,文字简洁,图文并茂,且在内容的选取上,循序渐进,如对涉及计算的分度方法采取单独安排在"项目九"去学习。

③注意与其他专业课衔接。由于量具与公差项目,钻孔、铰孔和镗孔项目在本系列教材《钳工基础与测量技术》已有介绍,本教材不再重复。

④实用性强、可操作性强。以实作带理论,充分体现理论与实作的一体化,让学生在做的过程中,掌握铣削加工的知识与技能。

⑤编排合理,模块形式。借鉴国内外职业教育的先进教学理念,扬长避短,采用项目教学的编写模式,适应现代职业教育的需要。

⑥每一任务都设有"想一想"栏目。以本栏目开阔学生眼界,启发思考,并且对较难的问题进行了提示,有利于学生掌握知识和提高技能水平。

⑦教材定位鲜明。本教材为三年制中等职业教育机械类专业的使用而编写,主要为生产第一线培养具有初、中级水平的普通铣工,也是学习数控铣床的基础课程。

根据中等职业学校机械类专业的教学要求,本课程教学共需120个课时左右。各项目参考课时见下表:

内容	项目一	项目二	项目三	项目四	项目五	项目六	项目七	项目八	项目九	项目十	项目十一
课时	6	8	8	12	6	16	16	16	12	8	12

本书由夏建刚、向山东、赵澄清、贺泽虎、刘强、何启仁、张孝文、王正强、李廷华、罗万琼共同编写,由夏建刚担任主编,由向山东、赵澄清、贺泽虎担任副主编,由戴刚担任主审。

本书在编写过程中得到了重庆市龙门浩职业中学校和重庆九源数控机械有限公司的大力支持,在此表示深深的感谢。

因水平有限,编著者虽勉力为之,可能还是会有一些错误和不妥之处,欢迎广大读者提出意见和建议,以利于本书的修改和完善。

编　者

目 录

项目一　铣削简介与文明生产

项目内容

(1)铣削简介;
(2)铣削文明生产;
(3)铣削操作规程。

项目目的

(1)了解铣削的内容;
(2)了解铣削的特点;
(3)了解学习铣削的目的;
(4)熟悉铣削文明生产知识;
(5)掌握铣削操作规程。

项目实施过程

任务一　铣削简介

一、铣削的概念

参观生产车间,可以看到很多机械加工方法。其中如图1.1所示的切削加工方法就是铣削。所谓铣削,就是在铣床上以铣刀旋转作主运动,工件或铣刀移动作进给运动的切削加工方法。

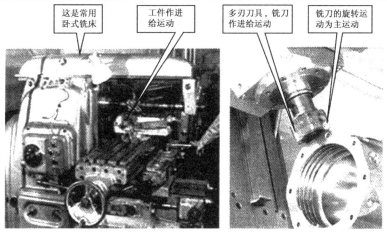

这是常用卧式铣床　　工件作进给运动　　多刃刀具，铣刀作进给运动　　铣刀的旋转运动为主运动

图1.1　铣削

二、铣削的内容

1. 加工平面

铣削是一种技术性较强的万能工种，是加工平面和曲面的主要方法之一。在铣床上使用不同的铣刀，可以加工不同位置的平面，包括水平面、垂直面、斜面等，如图1.2所示。

(a)铣平面　　　　(b)铣侧面　　　　(c)铣曲面

图1.2　铣平面

2. 加工沟槽

可以加工沟槽，包括直角槽、V形槽、燕尾槽、T形槽、键槽、圆弧槽等，如图1.3所示。

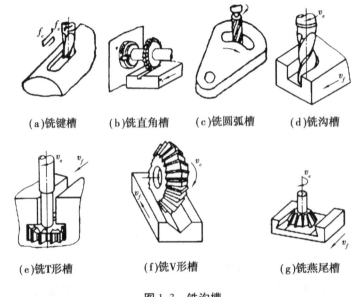

(a)铣键槽　　(b)铣直角槽　　(c)铣圆弧槽　　(d)铣沟槽

(e)铣T形槽　　　　(f)铣V形槽　　　　(g)铣燕尾槽

图1.3　铣沟槽

3. 其他

可以加工台阶、加工螺旋面、成形面；可以切断、加工型腔、进行分度以及孔系加工等，如图1.4所示。

三、铣削的特点及学习铣削的目的

1. 铣削的特点

铣削与其他金属切削加工比较，具有以下特点：

(1)采用多刃刀具加工，刀刃轮替切削，刀具冷却效果好，耐用度高。

(2)加工范围广。

(3)刀轴、刀具种类繁多，在增加加工能力的同时，装夹较复杂。

(4)铣刀的制造和刃磨较困难。

(5)铣削属冲击性切削，铣削时，易产生冲击、振动。

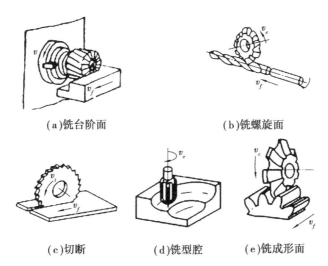

(a)铣台阶面   (b)铣螺旋面

(c)切断   (d)铣型腔   (e)铣成形面

图 1.4 铣台阶及其他铣削内容

（6）铣削加工的精度比较高，一般经济加工精度为 IT9 ~ IT8 级，表面粗糙度 Ra 值为 12.5 ~ 1.6 μm。如采用高速铣削，铣削加工精度可高达 IT5 级，表面粗糙度 Ra 值可达 0.20 μm。

2. 学习铣削的目的

铣削加工所用的刀具种类及形状之多、加工范围之广，是其他机械加工所不能比拟的。因此，铣工在机械制造业中已成为重要工种之一。通过学习铣削，应达到以下要求：

（1）了解常用铣床的结构，性能和传动系统，掌握其操作方法和维护保养知识。

（2）熟练掌握铣工常用工具、常用量具的选择与使用方法。

（3）掌握铣工常用刀具的选用方法，能合理选用切削用量，进行铣削。

（4）会正确使用铣床附件，并能熟练掌握铣床及其工具的维护保养知识。

（5）能进行合理铣削工艺编制并熟练掌握各种铣削加工方法。

（6）能简单分析铣削加工过程中产生废品的原因，从而掌握提高产品质量、防止废品产生的方法。

要掌握铣削这门技术，除学好书本理论外，更重要的是理论联系实际，到实践中去学习，多参观、多实际操作，增强动手能力，只有这样，才能真正把这门技术学到手。

想一想

（1）如图 1.5 所示，哪一个图是铣削加工？能否说出其余几个图是属于哪一类切削加工？

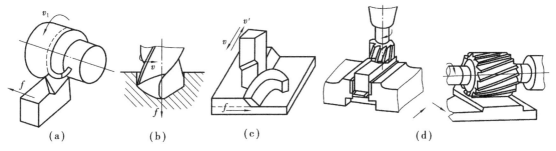

(a)   (b)   (c)   (d)

图 1.5 金属切削加工的基本方法示意图

（2）简述铣削加工的内容。

（3）阅读下面这篇文章，谈谈你有何感想？

铣工状元"铣工王"是这样炼成的

全国铣工技术大王，29岁的沈阳小伙时满龙在家门口豪气长舒。2006年11月5日，第二届全国职工职业技能大赛铣工决赛在沈阳落幕，金杯汽车股份有限公司教育中心高级技师时满龙夺魁。时满龙的成功绝非偶然，"铣工大王"只是他一连串光环——"沈阳十大杰出青年技能人才"、"辽宁省铣工状元"、"全国技术能手"中最耀眼的一个。这其间的甘苦辛酸或许只有时满龙本人才清楚。

1993年：考技校学铣工

1993年，时满龙初中毕业，考入金杯汽车股份有限公司教育中心技校学铣工。16岁的时满龙做出这个选择只是想早点自立，这样可以帮助父母分担家庭生活的艰辛。

这个偏离上高中读大学传统路径的选择曾经让时满龙异常惶惑。初入技校时，对铣工技术的一无所知差点让他放弃，是悟性和韧性让他坚持下来且很快打开局面。没过多长时间，一件件刀具都仿佛变成了神奇的"十八般兵器"，令他着迷。他肯学、肯练、肯吃苦，每天除理论课学习外，大部分时间都"泡"在实习厂苦练基本功。

1996年：上技校当教师

1996年，时满龙以优异的成绩从技校毕业，被分配到沈阳汽车车桥厂工作。在工厂里，勤学好问的时满龙给老师傅留下了很深的印象。不过，因为读技校时"名声"已留，校领导在临时用人时又想起了他，半年后，他被技校召回，任铣工实习指导教师。那一年，他只有19岁，比当时他的学生大不了几岁。

当上老师后，他发现很多学生遇到的问题和他曾经遇到的一样，他便把自己的经历讲给大家听。这种言传身教的开解作用效果异常好，同学们很轻松地就"悟"上了铣工。

就这样，时满龙的一批批学生走上了工作岗位，现在都成了金杯公司所属企业的生产骨干，很多还当上了工段长。教学相长，时满龙也不断地拓宽自己的知识面和实践能力，钻研数控加工技术，接任数控铣、数控车、加工中心的生产实习教学，并将CAD/CAM等先进的技术运用到数控实习教学中，收到较好的效果。

2006年：全国大赛夺魁

2003年5月，作为"辽宁省铣工状元"、"辽宁省五一劳动奖章获得者"的时满龙，代表辽宁参加全国职工职业技能竞赛铣工决赛，经过激烈的角逐，一举夺得第三名的好成绩，被授予"全国技术能手"称号。2004年，好学且求上进的时满龙大学本科毕业，理论和实践水平都得到了突破。今年5月，当他得知还要代表辽宁参加第二届全国职工职业技能大赛铣工决赛时，他给自己暗暗设定了目标：冠军。备战状态异常紧张，每天除了吃饭、睡觉、上班外，就是看书、操作机床。所有的这些，现在来看真的是功夫不负有心人。

光环在身的时满龙异常地冷静，很多南方企业高薪"挖"他，他总是婉言谢绝，"东北老工业基地振兴战鼓正响，作为青年技工，我愿意在这片土地发挥我的技能！"

任务二　文明生产

文明生产是操作工人进行科学操作的基本内容。文明生产可以反映操作工人的技术水平和精神面貌。文明生产主要包括以下几个方面：

一、正确布置工作场地

（1）工具箱（架）应分类布置。安放整齐、牢靠，安放位置要便于操作，并保持清洁。工具、量具、刀具等应分开放置，避免刀具刃口互碰，以免造成刀具的损坏。

（2）所有的工具、量具、夹具以及工件等，在工作时，尽可能放在或集中在操作者附近，它们应有固定的位置，哪儿拿的，用后应放回原位。

（3）图样，工艺卡片等应放在便于阅读的地方，并注意保持清洁和完整，避免不必要的报废。

（4）待加工的工件和已加工的工件应分开放，并排放整齐，使之便于取放和质量检查。

（5）时时保持工作环境的清洁，无油垢。

（6）使用的踏板应高低合适、牢固、清洁。

二、正确使用铣床

（1）平时要注意铣床的润滑。操作工人应根据机床说明书的要求，定期加油和调换润滑油。对手拉、手揿油泵和注油孔等部位，每天应按要求加注润滑油。

（2）每次使用铣床前，应做好各方面的准备工作，检查铣床各部分机构是否完好，确保导轨面、工作台面、丝杆等滑动表面洁净并涂润滑油。

（3）工作台、导轨面严禁堆放工具、量具、工件等，铣床不得超负荷工作。

（4）工作完毕后，应清除铣床及周围的切屑等杂物，关闭电源，擦净机床，该加油的地方，按规定加上润滑油。整理工具、夹具、量具，做好交接班工作。

（5）铣床运转 500 h 后，应进行一级保养。具体内容见"项目二　任务四"。

三、爱护工具和量具

（1）爱护工具，不得随意替用。不能将扳手、卡尺等当锤子用，不能用钢直尺去拧螺钉等。

（2）爱护量具，按期校对，保持清洁。每次用后应擦净、上油，放于盒内保存。

四、爱护刀具

要正确使用刀具，不能用磨钝的刀具继续切削，否则会增加铣床负荷，以至损坏铣床。

五、企业 5S，6S，7S，8S 管理

1. S 管理简述

8S 就是整理（SEIRI）、整顿（SEITON）、清扫（SEISO）、清洁（SETKETSU）、素养（SHTSUKE）、安全（SAFETY）、节约（SAVE）、学习（STUDY）八个项目，因其古罗马发音均以"S"开头，简称为 8S。

1955 年，日本企业针对地、物，提出了整理、整顿 2 个 S。后来因为管理的需求及水平的提升，才继续增加了清扫、清洁、素养 3 个 S，从而形成目前广泛推行的 5S 架构，也使其重点由环境品质扩展至人的行动品质，在安全、卫生、效率、品质及成本方面得到较大的改善。现在不断有人提出 6S、7S 甚至 8S，但其真谛是一致的。不过，我国的大部分企业并未推行过 5S，部分企业甚至未听说过 5S。因此，5S 作为现场管理的基础，作为一种行之有效的现场管理方法，对于我国的大部分企业而言，还是新的。并且，随着企业管理水平的不断发展，5S 的内容也不断丰富。比如：P—D—C—A（规划—实施—检验—改进）循环、IE（工业工程）手法、TPM（全面生产管理）及 JIT（准时制生产）的部分理念及方法等都大量运用于现在的 5S 管理当中。所以 5S

本身也是不断创新的。

2.S 管理内容

(1)1S——整理

①定义:区分要用和不要用的,不要用的清除掉。

②目的:把"空间"腾出来活用。

(2)2S——整顿

①定义:要用的东西依规定定位、定量摆放整齐,明确标示。

②目的:不用浪费时间找东西。

(3)3S——清扫

①定义:清除工作场所内的脏污,并防止污染的发生。

②目的:消除"脏污",保持工作场所干干净净、明明亮亮。

(4)4S——清洁

①定义:将上面3S 实施的做法制度化,规范化,并维持成果。

②目的:通过制度化来维持成果,并显现"异常"之所在。

(5)5S——素养

①定义:人人依规定行事,从心态上养成好习惯。

②目的:改变"人质",养成工作讲究认真的习惯。

(6)6S——安全

①定义:管理上制定正确作业流程,配置适当的工作人员监督指示功能,对不合安全规定的因素及时举报消除,加强作业人员安全意识教育,签订安全责任书。

②目的:预知危险,防患未然。

(7)7S——节约

①定义:减少企业的人力、成本、空间、时间、库存、物料消耗等因素。

②目的:养成降低成本的习惯,加强作业人员"减少浪费意识"教育。

(8)8S——学习

①定义:深入学习各项专业技术知识,从实践和书本中获取知识,同时不断地向同事及上级主管学习,从而达到完善自我,提升自身综合素质之目的。

②目的:使企业得到持续改善、培养学习型组织。

3.8S 的效用

(1)8S 是最佳推销员(Sales)

①被顾客称赞为干净的工厂,顾客乐于下订单;

②由于口碑相传,会有很多人来工厂参观学习;

③清洁明朗的环境,会吸引大家到这样的厂来工作。

(2)8S 是节约家(Saving)

①降低很多不必要的材料以及工具的浪费;

②缩短订购时间,节约很多宝贵的时间;

③8S 也是时间的保护神(Time Keeper),能降低工时,交货不会延迟。

(3)8S 对安全有保障(Safety)

①宽敞明亮、视野开阔的工作场所能使物流一目了然；

②遵守堆积限制；

③走道明确，不会造成杂乱情形而影响工作的顺畅。

（4）8S 是标准化的推动者(Standardization)

①大家都正常地按照规定执行任务；

②建立全能的工作机会，使任何员工进入现场即可开展作业；

③程序稳定，品质可靠，成本下降。

（5）8S 可形成令人满意的工作场所(Satisfactory)

①明亮、清洁的工作场所，能让员工产生良好的工作情绪；

②员工动手做改善，有示范作用，可激发意愿；

③能产生带动现场全体人员进行改善的气氛。

人，都是有理想的。企业内员工的理想，莫过于有良好的工作环境，和谐融洽的管理氛围。8S 能造就安全、舒适、明亮的工作环境，提升员工真、善、美的品质，从而塑造一流公司的形象，实现共同的梦想。

想一想

何谓企业 5S/6S/7S/8S 管理？

任务三　铣床操作规程

操作铣床时应遵守的操作规程主要有如下几个方面。

一、劳动保护方面

（1）工作服要合身、整洁，袖口要扎紧或戴袖套。

（2）女工必须戴工作帽，并把头发或辫子塞进帽内。

（3）操作铣床时严禁戴手套，以免发生事故。

（4）铣脆性材料（如铸铁）时，应戴口罩，以免吸入尘埃。

（5）在进行高速切削时，必须装防护挡板，必须戴防护镜，以免切屑飞出损伤眼睛和皮肤。

二、铣削之前的检查工作

（1）各手柄的位置是否正常。

（2）手摇进给手柄，检查进给运动和进给方向是否正常。

（3）各机动进给的限位挡铁是否在限位范围内，是否紧固。

（4）进行机床主轴和进给系统的变速检查，检查主轴和工作台由低速到高速运动是否正常。

（5）启运机床使主轴回转，检查油窗是否上油，润滑是否正常。

（6）各项检查完毕，若无异常，对机床各部位注油润滑。

三、防止铣刀切伤

（1）拆装立铣刀时，台面须垫木板，禁止用手去托刀盘。

（2）铣削过程中，或者停车后，而铣刀未完全停止旋转以前，头和手不得靠近铣刀。严禁用手摸或用棉纱擦拭正在转动的刀具。

（3）装铣刀使用扳手扳螺母时，要注意扳手开口，选用要适当，用力不可过猛，防上打滑时造成工伤。

（4）对刀时，必须慢速进刀，刀接近工件时，需用手摇进刀，不准快速进刀。

（5）正在走刀时，不准停车。铣深槽时，要退刀停车。快速进刀时，应注意将手柄离合器脱开，以防止伤人。

（6）在铣床上进行上下工件、刀具，紧固、调整、变速、测量工件等工作时，必须停车。

四、防止切屑损伤皮肤、眼睛

（1）清除切屑时，只允许用毛刷，禁止用嘴吹或用手抓。

（2）操作者不要站在切屑飞出的方向，观察时不要靠得太近，以免切屑飞入眼中。

（3）切屑飞入眼中，应闭上眼睛，切勿用手揉擦，应尽快请医生治疗。

五、安全用电

（1）铣床电器若有损坏时应请电工修理，不得随意拆卸。

（2）不准随便使用不熟悉的电器装置。

（3）不能用金属棒去拨动电闸开关。

（4）不能在没有遮盖的导线附近工作。

（5）发现有人触电，不要惊慌，应立即切断电源，或用木棒将触电者撬离电源，然后送医院抢救。若情况严重，如触电者呼吸困难或停止呼吸，应立即进行人工呼吸，一直到送入医院医治为止。

六、其他方面

（1）装夹工件、工具时，必须牢固可靠，不得有松动现象。

（2）工作时，不能擅自离开铣床或做与工作无关的事。

（3）初学者应尽量使用逆铣法（刀具与工件接触点处的切削运动方向和工件进给相反）。

（4）吃刀不能过深。

（5）交接班时，要交接设备安全记录。一旦出现不安全因素，必须记录在案，并及时上报有关部门。

想一想

读下段案例回答问题

一个夜班，李某在给铣床用立铣刀加工一个零件，由于当时天气寒冷，李某徒手摇手柄怕冷，就索性戴着手套干活。在加工中铣刀排屑不畅，他又戴着手套就去抠铁屑，铣刀飞快地转着，一不留神，手套被铣刀死死地卷住了。随着飞转的铣刀越卷越深，大家只听到李某的一声惨叫。当周围的同志急忙跑过来时看到的却是李某蹲在地上、脸色苍白，他的右手手套被卷在铣床上，中指已经没有了，血顺着手指缝流出来。大家赶紧把李某送往医院，途中李某大声喊到"把我的手指要带上"，可是大家找遍了铣床周围也没有发现削掉的手指。后来，聪明的班长突然将铣床上的手套拿下来一抖，一根齐喇喇的手指从手套中掉了出来，等送到医院为时已晚，无法接上了。侥幸的是手没有卷进铣床内，虽然保住了性命，李某却从此落下了终身的伤残和悔恨。由于违章操作，不但给个人造成了肢体的伤害，也给企业造成了经济损失，给家庭带来了痛苦，也给我们留下了惨痛的教训。

（1）请分析李某有哪些违规操作？

（2）你受到了什么教育？

项目二 熟悉铣床

项目内容

(1)认识铣床；
(2)铣床的基本部件及作用；
(3)X6132型铣床的基本操作；
(4)铣床的维护保养。

项目目的

(1)掌握常用铣床的种类和型号；
(2)掌握典型铣床的组成、结构及其工作原理；
(3)熟悉典型铣床的基本操作；
(4)学会对铣床进行合理的维护保养。

项目实施过程

任务一 认识铣床

铣床是用铣刀对工件进行铣削加工的机床。最早的铣床是美国人惠特尼于1818年创制的卧式铣床；为了铣削麻花钻头的螺旋槽,美国人布朗于1862年创制了第一台万能铣床,这是升降台铣床的雏形；1884年前后又出现了龙门铣床；20世纪20年代出现了半自动铣床；1950年以后,铣床在控制系统方面发展很快,数字控制的应用大大提高了铣床的自动化程度。尤其是20世纪70年代以后,微处理机的数字控制系统和自动换刀系统在铣床上得到应用,扩大了铣床的加工范围,提高了加工精度与效率。

一、铣床的种类
铣床种类很多,常用的有下面几种：

1. 升降台式铣床

升降台式铣床又叫曲座式铣床,它的主要特征是：安装被加工工件的工作台可以随着升降台作上下、左右、前后运动,即垂直、纵向和横向的进给运动,有灵活多变的加工切削范围,适于加工中、小型零件。按主轴位置和使用特点,升降台式铣床可分为卧式铣床和立式铣床两种。

(1)卧式铣床。如图2.1所示,这种铣床的主轴与工作台面平行,呈水平状态。铣削时,铣刀和刀轴安装在主轴上,绕主轴中心线作旋转运动；工件和夹具装夹在工作台台面上作进给运动。

卧式铣床按加工范围大小又可分成两类。

图 2.1　X6132 型卧式万能升降台铣床

①卧式升降台铣床（简称平铣）。这种铣床的纵向工作台与横向工作台之间没有回转盘，不能扳转角度，因此，纵向工作台只能作与主轴垂直方向的运动，所以其工作范围较小。

②卧式万能升降台铣床（简称万能铣床）。这种铣床的纵向工作台可按工作需要在水平面上作 45 度范围内的左右转动。当转到所需要的位置后，再用螺栓固定。除此之外，其他各部分的构造和平铣没有什么区别。另外，因为万能铣床的附件比较多，所以它的工作范围比较广泛。

（2）立式铣床。如图 2.2 所示，这种铣床的主轴与工作台面垂直，主轴呈垂直状态。立式铣床安装主轴的部分称为立铣头，立铣头按其结构不同，也可分为两种。

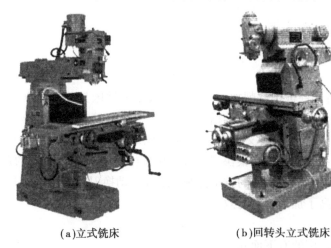

（a）立式铣床　　　　　　　　　（b）回转头立式铣床

图 2.2　立式铣床

①立铣头与床身成为一体的，如图 2.2（a）所示。这类铣床刚性比较好，但加工范围比较小。

②立铣头与床身结合处有一回转盘，盘上有刻度线，如图 2.2（b）所示。立铣头可按工作需要，在垂直方向上左右扳转一定角度。适应铣削各种角度面、椭圆孔等，加工范围较广。

立铣床与卧式铣床相比，具有加工范围广，生产效率高，操作时观察、检查、调整方便等特点，故在生产中使用很广泛。

2.固定台式铣床(也称为床身式铣床)

这类铣床的主要特征是没有升降台,如图 2.3 所示。工作台只能作纵向、横向移动,其升降运动是由主轴箱沿床身垂直导轨作上下移动来实现的。这类铣床的底座就是工作台的支座,所以结构坚固,刚性好,适于强力铣削和高速铣削,并且由于承载能力大,还适于加工大型、重型工件。

图 2.3 固定台式铣床

3.多功能铣床

(1)万能工具铣床。如图 2.4 所示,这种铣床可完成多种铣削工作,不仅工作台可以作两个方向的平移,立铣头可作一个方向的平移,还可以在垂直平面上左右扳转一个角度。卸掉立铣头,摇出横梁后还可以当卧铣使用,且特别适合于加工刀具、样板和其他刀具、量具类较复杂的小型零件。

图 2.4 万能工具铣床

图 2.5 摇臂万能铣床

(2)摇臂万能铣床。如图 2.5 所示,这种铣床能进行以铣为主的多种切削加工,如立铣、卧铣、镗、钻、磨、插等,还能加工各种斜面、螺旋面、沟槽等,特别适用于加工各种工、夹、模具。

4.特种专用铣床

这种铣床是用来专门加工某一类工件的,如图 2.6 所示的键槽铣床和图 2.7 所示的仿形铣床等。

图 2.6 键槽铣床

图 2.7 仿形铣床

5. 龙门铣床

如图 2.8 所示，龙门铣床属于大型铣床。铣削动力安装在龙门导轨上，可作横向和升降运动。工作台安装在固定床身上，只能作纵向移动，适合加工大型工件。

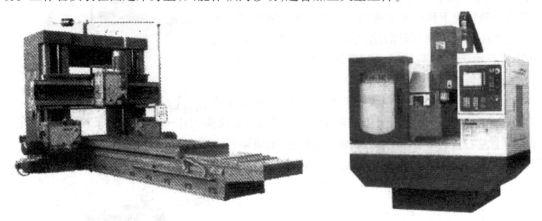

图 2.8　龙门铣床　　　　　　　　　　图 2.9　数控铣床

6. 数控铣床

如图 2.9 所示，数控铣床是一种自动化程度较高的机床，在计算机的控制之下，按预先编制好的加工程序自动完成零件加工，还具有自动控制补偿等功能。这种铣床具有加工精度高、加工质量稳定、生产率高、劳动强度低、对产品加工的适应强等特点，适用于新产品开发和多品种、小批量生产以及复杂零件的加工。

二、铣床的型号

金属切削机床的种类很多，编制方法也经过多次修改。铣床的型号不只是一个代号，它还能反映出机床的类型、结构特征、性能和主要的技术参数。如图 2.10 是铣床的标牌，它标明了机床的型号。

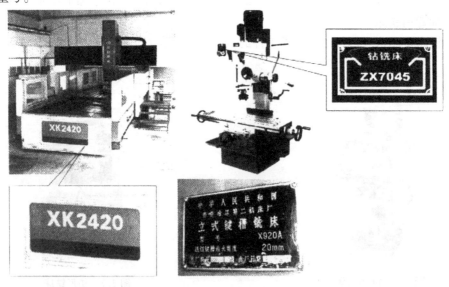

图 2.10　铣床上的标牌

根据 GB/T 15375—1994《金属切削机床型号编制方法》规定的通用金属切削机床型号由基本部分和辅助部分组成,中间用"/"隔开,读作"之"。基本部分需统一管理,辅助部分纳入型号与否由企业自定。型号构成如下:

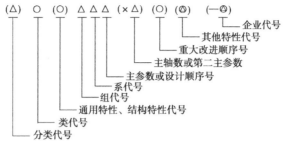

注:①有"( )"的代号或数字,当无内容时则不表示;若有内容则不带括号。
②有"○"符号者,为大写的汉语拼音字母。
③有"△"符号者,为阿拉伯数字。
④有"◎"符号者,为大写的汉语拼音字母或阿拉拍数字或两者兼有。

1. 铣床的类代号

机床按其工作原理划分为 11 类。机床的类代号用大写的汉语拼音字母表示,按其相对应的汉字字意读音。铣床的类代号是"X",读作"铣"。所以当我们看到在机床的标牌上第一位字母有"X"时,即可知道该机床为铣床。机床的类代号和分类代号见表2.1。

表 2.1　机床的类代号和分类代号

类别	车床	钻床	镗床	磨床			齿轮加工机床	螺纹加工机床	铣床	刨插床	拉床	锯床	其他机床
代号	C	Z	T	M	2M	3M	Y	S	X	B	L	G	Q
读音	车	钻	镗	磨	二磨	三磨	牙	丝	铣	刨	拉	割	其

2. 机床的通用特性、结构特性代号

机床的通用特性代号和结构特性代号均用大写的汉语拼音字母表示,位于类代号之后。通用特性代号有统一的固定含义,见表2.2。结构特性代号在型号中没有统一的含义,只在同类机床中起区分不同机床结构、性能的作用。当型号中有通用特性代号时,结构特性代号应排在通用特性代号之后。

表 2.2　机床的通用特性代号

通用特性	高精度	精密	自动	半自动	数控	加工中心(自动换刀)	仿形	轻型	加重型	简式或经济型	柔性加工单元	数显	高速
代号	G	M	Z	B	K	H	F	Q	C	J	R	X	S
读音	高	密	自	半	控	换	仿	轻	重	简	柔	显	速

3. 铣床的组、系代号

铣床分为 10 个组,每组又分为 10 个系(系列)。各用一位阿拉伯数字表示,依次位于类代号、结构特性代号之后。铣床的组代号见表2.3。

表2.3　铣床的10个分组

组别名称	仪表铣床	悬臂及滑枕铣床	龙门铣床	平面铣床	仿形铣床	立式升降台铣床	卧式升降台铣床	床身铣床	工具铣床	其他铣床
组别代号	0	1	2	3	4	5	6	7	8	9

4.机床的主参数

铣床型号中的主参数通常用工作台面宽度的折算表示,折算值大于1时则取整数,前面不加"0";当折算值小于1时,则取小数点后第一位数,并在前面加"0"。常用铣床的组、系划分及型号中主参数表示方法见表2.4。

表2.4　常用铣床的组、系划分及主要参数

组		系		主参数	
2	龙门铣床	0	龙门铣床	1/100	工作台面宽度
		1	龙门镗铣床		
		2	龙门磨铣床		
		3	定梁龙门铣床		
		4	定梁龙门镗铣床		
		5			
		6	龙门移动铣床		
		7	定梁龙门移动铣床		
		8	落地龙门镗铣床		
		9			
5	立式升降台铣床	0	立式升降台铣床	1/10	工作台面宽度
		1	立式升降台镗铣床		
		2	摇臂铣床		
		3	万能摇臂铣床		
		4	摇臂镗铣床		
		5	转塔升降台铣床		
		6	立式滑枕升降台铣床		
		7	万能滑枕升降台铣床		
		8	圆弧铣床		
		9			

续表

组		系		主参数	
6	卧式升降台铣床	0	卧式升降台铣床	1/10	工作台面宽度
		1	万能升降台铣床		
		2	万能回转头铣床		
		3	万能摇臂铣床		
		4	卧式回转头铣床		
		5	广用万能铣床		
		6	卧式滑枕升降台铣床		
		7			
		8			
		9			
8	工具铣床	0			
		1	万能工具铣床	1/10	工作台面宽度
		2			
		3	钻头铣床	1	最大钻头直径
		4			
		5	立铣刀槽铣床	1	最大铣刀直径
		6			
		7			
		8			
		9			

想一想

(1)铣床分哪几类？各有什么特点？

(2)X6132、XB4326、XHK6050 机床代号的意义是什么？

(3)图 2.10 铣床标牌上的字母和数字表示什么含义？

(4)目前工厂中广泛使用的某些机床,它们的型号仍然按以前的编制方法编制。如目前使用很普遍的 X62W 机床,其代号是根据 1957 颁布的编制方法编制的,能说出其代号的意义吗？

提示

X—铣床类(类别),6—卧式铣床组(组别),2—2 号工作台(工作台面宽度为320 mm,主参数),W—万能铣床(特性)。

任务二 铣床的基本部件及作用

铣床的类型虽然很多,但各类铣床的基本部件大致相同,都必须具有一套带动铣刀作旋转运动和使工件作直线运动或回转运动的机构。因此,了解并掌握某一种典型铣床的部件和操作方法后,再去操作其他类型的铣床是比较容易的。

一、X6132 型卧式万能铣床

如图 2.11 所示,X6132 型卧式万能铣床是国产典型铣床之一,现将其各部分名称和用途作简略的介绍。

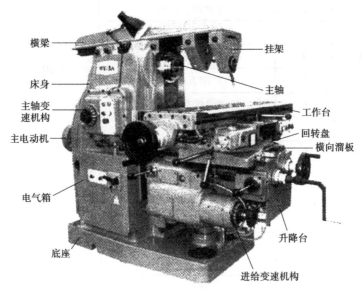

图 2.11　X6132 型卧式万能铣床

1. 底座

用来支承床身,承受铣床的全部重量,其内腔装切削液。

2. 床身

床身是铣床的主体,用来固定和支承铣床其他部件。床身一般用优质灰铸铁制成,呈箱体形结构,内壁有肋条,以增加刚度和强度。床身的顶部有水平的燕尾形导轨,横梁可沿它移动而调整位置;正面有燕尾形的垂直导轨,它主要用于升降台的上下移动进行定位和导向。床身的后面装有主传动电动机,内部是主轴变速机构,底部以销钉螺钉固连于底座上。

3. 横梁

可沿床身顶部的燕尾形导轨移动,调整其伸长量,其上可安装挂架,支持铣刀刀杆。

4. 主轴

主轴是一根空心轴,其轴孔的前端为圆锥孔,锥度一般为 7:24,锥孔用来安装铣刀刀轴,并带动铣刀作旋转运动。

5. 挂架

支承刀杆,增加刀杆刚度。

6. 纵向工作台

其台面上有三条 T 形槽,可与 T 形槽螺栓相配,用来安装夹具(如平口钳、回转工作台、分度装置等)、工件等,并带动它们作进给运动。

7. 横向工作台

通过回转盘与纵向工作台连接,转动回转盘,横向工作台可在水平面内作正负 45 度的转动,并带动工作台实现横向进给。

8.升降台

升降台用于支承工作台,并带动工作台作上下移动。机床的进给传动系统中的电动机、变速机构和操纵机构等都安装在升降台内。

9.进给变速机构

安装在升降台下部,电动机通过进给变速机构将运动传至工作台,并通过外部的手柄操纵机构使工作台获得18种进给速度,以适应铣削的需要。

10.主轴变速机构

安装在床身内,其作用是将主电动机的旋转运动传给主轴,并通过外面的手柄和转盘等操纵机构,得到18种不同的转速,铣床主轴转速为30~1 500 r/min。

二、X5032型立式升降台铣床的特点

X5032型立式升降台铣床也是生产中应用极为广泛的一种铣床,其外形如图2.12所示。其规格、操纵机构、传动变速等与X6132型铣床基本相同。主要不同点是:

(1)X5032型铣床的主轴位置与工作台面垂直,安装在可以偏转的铣头壳体内,主轴可在正垂直面内作正负45度范围内偏转,以调整铣床主轴轴线与工作台面间的相对位置。

(2)X5032型铣床的工作台与横向溜板连接处没有回转盘,所以工作台在水平内不能扳转角度。

(3)X5032型铣床的主轴带有套筒伸缩装置,主轴可沿自身轴线在0~70 mm范围作手动进给。

(4)X5032型铣床的正面增设了一个纵向手动操纵手柄,使铣床的操作更加方便。

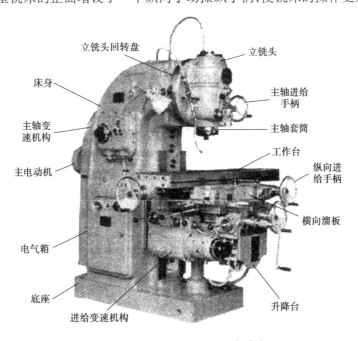

图2.12 X5032型立式升降台铣床

想一想

以 X6132 型卧式万能铣床为例,试述铣床各部分的名称及其作用。

任务三　X6132 型铣床的基本操作

一、工作台纵向、横向和升降的手动操作

要掌握铣床的操作,先要了解各手柄的名称、工作位置及作用,并熟悉它们的使用方法和操作步骤。如图 2.13 所示是 X6132 型铣床的各手柄。在进行工作台纵向、横向和升降的手动操作练习前,应先关闭机床电源,检查各向紧固手柄是否松开(如图 2.14 所示),再分别进行各个方向进给的手动练习。

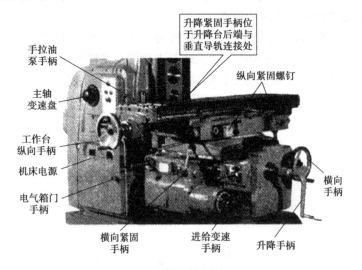

图 2.13　X6132 型铣床手动手柄

逆时针松开纵向紧固螺钉

向里推,松开横向紧固手柄

向外拉,松开升降紧固手柄

图 2.14　松开各向紧固手柄

1. 进行工作台在各个方向的手动匀速进给练习

如图 2.15 所示,将某一方向手动操作手柄插入,接通该向手动进给离合器。摇动进给手柄,就能带动工作台作相应方向上的手动进给运动。顺时针摇动手柄,可使工作台前进(或上升);若逆时针摇动手柄,则工作台后退(或下降)。

纵向进给　　　　　　　　横向进给　　　　　　　　升降进给

图 2.15　进给操作

想一想

（1）如图 2.16 所示，纵向、横向刻度盘的圆周刻线为 120 格，每摇一转，工作台移动 6 mm，则每摇过一格，工作台移动多少？

图 2.16　纵向、横向刻度盘

（2）如图 2.17 所示，垂直方向刻度盘的圆周刻线为 40 格，每摇过一格，工作台移动 0.05 mm，则每摇一转，工作台上升（或下降）多少？

图 2.17　升降刻度盘

2. 进行工作台在各个方向的定距移动练习

纵向：进 30 mm→退 32 mm→进 100 mm→退 1.5 mm→进 1 mm→退 0.5 mm。

横向：进 32 mm→退 30 mm→进 10 mm→退 1.5 mm→进 1 mm→退 0.5 mm。

升降：升 3 mm→降 2.3 mm→升 1.35 mm→降 0.5 mm→升 1 mm→降 0.15 mm。

3. 注意事项

在进行移动规定距离的操作时，若手动摇过了刻度，不能直接摇回，必须将其退回半转以上消除丝杆间隙形成的空行程后，再重新摇到要求的刻度位置。另外，不使用手动进给时，必须将各向手柄与离合器脱开，以免机动进给时旋转伤人。

二、主轴的变速操作

1. 操作步骤

变换主轴转速时，必须先接通电源，停车后再按以下步骤进行：

如图 2.18 所示。

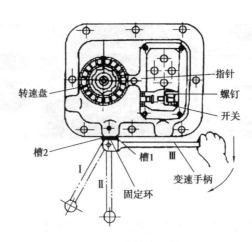

图 2.18　主轴变速操作

第一步：将变速手柄向下压，使手柄的榫自槽 1 内滑出，并迅速转至最左端，直到榫块进入槽 2 内。

第二步：转动转速盘，将所选择的转速对准指针。转速盘上有 30～1 500 r/min 共 18 种转速。

第三步：将手柄下压脱出槽 2，迅速向右转回，快到原来位置时慢慢推上，完成变速。

2. 注意事项

由于电动机启动电流很大，连续变速不应超过 3 次，否则易烧毁电动机保护电路，若必须变速，中间的间隔时间应不少于 5 min。

3. 具体练习内容

（1）将铣床电源开关转动到"通"的位置，接通电源。

（2）将主轴转速分别变换为 30 r/min、95 r/min 和 150 r/min。

（3）按"启动"按钮，使主轴回转 3～5 min，检查油窗是否甩油。

（4）停止主轴回转。

三、进给变速操作

1. 操作步骤

铣床上的进给变速操作需在停止自动进给的情况下进行，操作步骤如下：

如图 2.19 所示。

第一步：向外拉出进给变速手柄。

第二步：转动进给变速手柄，带动进给速度盘转动。将进给速度盘上选择好的进给速度值对准指针位置。

第三步：将变速手柄推回位，即完成进给变速操作。

2. 具体练习内容

将进给速度分别变换为 30 mm/min、60 mm/min、118 mm/min。

四、工作台纵向、横向和升降的机动进给操作

1. 操作步骤

如图 2.20 所示，X6132 型铣床在各个方向的机动进给手柄都有两副，是联动的复式操纵

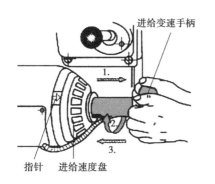

图 2.19 进给变速操作

机构,使操作更加便利。进行机动进给练习前,应先检查各手动手柄是否与离合器脱开(特别是升降手柄),以免手柄转动伤人。

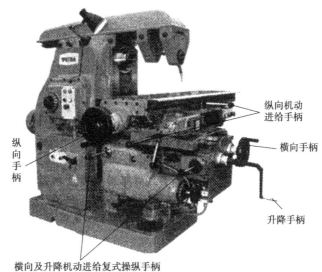

图 2.20 X6132 型铣床的操纵手柄

打开电源开关,将进给速度变换为 118 mm/min,按下面步骤进行各向自动进给练习:

第一步:检查各挡块是否安全、紧固。三个进给方向的安全工作范围各由两块限位挡块实现安全限位。若非工作需要,不得将其随意拆除,如图 2.21 所示。

| 横向进给方向 | 纵向方向 | 升降方向 |

图 2.21 检查各挡块位置

第二步:按主轴"启动"按钮,使主轴回转。

第三步：按相应进给方向的扳动手柄，使工作台先后分别作纵向、横向、垂向的机动进给，并检查进给箱油窗是否甩油。（参见图2.22，图2.23）

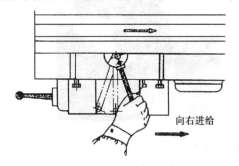

图 2.22　纵向机动进给手柄有三个位置（"向左进给""向右进给"和"停止"）

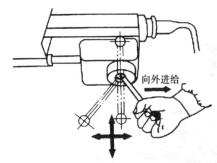

图 2.23　横向和垂直方向机动进给手柄有五个位置

（"向里进给""向外进给""向上进给""向下进给"和"停止"）

第四步：停止工作台进给，然后停止主轴回转。

2. 注意事项

（1）机动进给时，不得同时接通两个方向的进给。

（2）练习完毕，应使工作台处于各进给方向中间位置，各手柄恢复原来位置，关闭机床电源开关，并认真擦拭机床。

提示

机动进给手柄的设置，使操作非常形象化。当机动进给手柄与进给方向处于垂直状态时，机动进给是停止的；若机动进给手柄处于倾斜状态，机动进给被接通。在主轴转动时，手柄向哪个方向倾斜，即向哪个方向进行机动进给；如果同时按下快速移动按钮，工作台即向该进给方向进行快速移动。

任务四　铣床的维护保养

铣床的精度较高，为了减少机床磨损、保持机床精度、延长机床使用寿命，每一名铣工都必须学会对铣床进行合理的维护保养。

一、铣床的日常维护保养

1. 为铣床润滑

润滑油是机床的"血液"。没有了润滑油的冷却、润滑，机床内部的零件就无法正常工作，机床的精度和使用寿命都会受到很大的影响,所以为铣床润滑是我们每天必做的一项重要工作。

（1）班前、班后采用手拉油泵对工作台纵向丝杆和螺母、导轨面、横向溜板导轨等注油润滑,如图2.24所示。

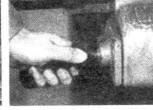

油窗

向油泵加注润滑油　　　　手拉油泵泵油润滑

图2.24　手拉油泵润滑

（2）机床启动后,应检查油窗是否上油,如图2.25所示。铣床的主轴变速箱和进给变速箱均采用自动润滑,即可在流油指示器(油窗或油标)显示润滑情况。若油位显示缺油,应立即加油。

图2.25　铣床油窗

（3）工作结束后,擦净机床,然后对工作台纵向丝杆两端轴承、垂直导轨面、挂架轴承等采用油枪注油润滑,如图2.26所示。

图2.26　油枪注油润滑

（4）X6132型铣床润滑要求,如图2.27所示。

2.机床滑动面的保养

机床启动前,要将机床各部位擦拭干净,并将导轨面、台面、丝杆等滑动面涂上润滑油;操作时不要将毛坯、工具及杂物放在导轨面或台面上;工作结束后,必须清除铁屑和油污,对各滑动部位擦净上油,以防生锈。

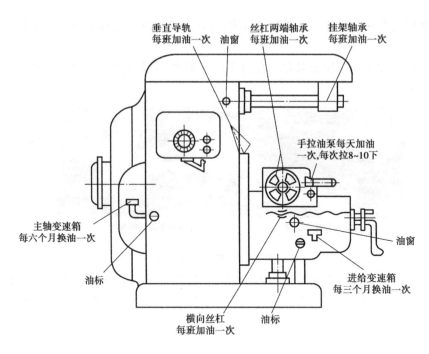

垂直导轨
每班加油一次　油窗

丝杠两端轴承
每班加油一次

挂架轴承
每班加油一次

手拉油泵每天加油
一次,每次拉8~10下

油窗

主轴变速箱
每六个月换油一次

油标

进给变速箱
每三个月换油一次

油标

横向丝杠
每班加油一次

图 2.27　油枪注油润滑

3．及时排除故障

操作时若发现机床有异常现象和不规则声响,应立即停止使用,并请机修工人及时排除故障。

4．严格执行岗位责任制

操作时要集中精力,在机床运转时绝对不能离开工作岗位,换班时应做好交接班工作。

5．工作前进行检查

工作前应先检查机床各手柄和旋钮是否处在合理位置,并检查机床各部机构和运动部件是否完好。

6．熟悉机床的主要规格

工件和夹具的重量不能超过机床的载重量,工作台的行程和转角不能超过规定范围,所以必须熟悉机床的规格。

二、铣床的一级保养

铣床运转 500 h 后,需要进行一级保养。对机床清洁、润滑和必要的调整,以保证铣床的加工精度和延长使用寿命。一级保养应以操作工人为主,并与维修工人配合进行。进行一级保养时,首先应切断电源,然后按规定进行保养工作。

1．一级保养的内容

（1）铣床外部。铣床外表及各罩内外要擦拭干净,不能有锈蚀和油污;对机床附件进行清洁,并涂上润滑油;清洗丝杆及其他滑动部位,并涂上润滑油。

（2）机床传动部分。修光导轨面上的毛刺,清洗镶条并调整松紧;调整丝杆与螺母之间的间隙和丝杆两端轴承的松紧;用三角带传动的,也要擦净并调整松紧。

（3）铣床冷却系统。清洗过滤网和切削液槽,调换不合要求的切削液。

（4）铣床润滑系统。检查手动油泵的工作情况、油质是否良好，泵周围要清洁无油污；油窗要明亮，油路要畅通无阻，油毡要清洗干净。

（5）铣床电器部分。清扫电器箱，擦净电动机；检查电器装置是否牢固整齐，限位装置等是否安全可靠。

2. 一级保养的操作步骤

（1）擦净床身上的各部件，包括横梁、挂架、挂架轴承、横梁燕尾槽（若有镶条，需把镶条擦净，并上油和调整松紧）、主轴孔、主轴前端和尾部、垂直导轨上部。这些部件如有毛刺需修光。

（2）拆卸铣床工作台。铣床的一级保养中，主要工作是拆卸工作台，拆卸的方法和步骤如下：

①快速向右进给到极限位置，拆卸左撞块；

②拆卸左面手柄、刻度环、离合器、螺母及推力球轴承；

③拆卸左面轴承架及镶条；

④拆卸右端螺母、圆锥销及推力球轴承，再拆卸右端轴承架；

⑤用手旋丝杆，并取下丝杆（取下丝杆时要注意丝杆键槽向上，否则会碰落平键），丝杆应注意吊挂保管。

（3）清洗拆下的各部零件，并修去毛刺。

（4）检查和清洗工作台底座内的各部零件，检查手动油泵及油管是否正常。

（5）安装工作台，工作步骤与拆卸时基本相反。

（6）调整镶条松紧及推力球轴承的间隙。

（7）调整丝杆与螺母之间间隙（单螺母不能调节），一般控制在 0.05 ~ 0.25 mm。

（8）拆卸横向工作台的油毛毡、夹板和镶条，并清洗干净。

（9）前后摇动横向工作台，擦净横向丝杆和横向导轨，修光毛刺，再装上镶条和油毛毡等。

（10）上下移动升降台，清洗垂直进给丝杆、导轨和镶条等，并调整合适，同时检查润滑油质量。

（11）拆洗电动机罩及擦净电动机，清扫电器箱，并进行检查。

（12）将整台铣床外表擦净，检查润滑系统，清洗冷却系统。

一级保养除对机床进行清洗外，对机床附件及机床周围均应擦洗清洁，并定期进行。

想一想

怎样做好铣床的日常维护保养？

项目三　铣　刀

项目内容

（1）铣刀材料的种类及牌号；
（2）铣刀的种类及标记；
（3）铣刀的主要几何参数；
（4）铣刀的装卸。

项目目的

（1）了解铣刀材料的种类及牌号；
（2）掌握铣刀的种类、规格、标记；
（3）了解铣刀的主要几何参数及作用；
（4）掌握铣刀的装卸及调整。

项目实施过程

任务一　铣刀材料的种类及牌号

一、铣刀切削部分的材料的基本要求

1. 高硬度和高耐磨性

在常温下,切削部分材料必须具备足够的硬度才能切入工件。具有高的耐磨性,刀具才不易磨损,提高使用时间,延长铣刀的使用寿命。

2. 好的耐热性(红硬性)

刀具在切削过程中会产生大量的热量,尤其在切削速度较高时,温度会很高。因此,刀具材料应具备好的耐热性,即在高温下仍能保持较高的硬度,具有能继续进行切削的性能。这种具有高温硬度的性质,又称为热硬性或红硬性。

3. 高的强度和好的韧性

在切削过程中,刀具要承受很大的切削力,所以刀具材料要具有较高的强度,否则易断裂和损坏。由于铣削属于冲击性切削,铣刀会受到很大的冲击和振动,因此,铣刀材料还应具备好的韧性,才不易崩刃、碎裂。

4. 工艺性好

为了能顺利制造出各种形状和尺寸的刀具,尤其对形状比较复杂的铣刀,要求刀具材料的工艺性要好。

二、铣刀常用材料

1. 高速工具钢(简称高速钢、锋钢等)

高速钢有通用高速钢和特殊用途高速钢两种。它具有以下特点:

(1)合金元素钨、铬、钼、钒和钴的含量较高,淬火硬度可达到 62 ~ 70HRC,在 600 ℃ 高温下仍能保持较高的硬度。

(2)刃口强度和韧性好,抗振性强,能用于制造切削速度一般的工具。对刚度较差的机床,采用高速钢铣刀仍能顺利切削。

(3)工艺性能好,锻造、加工和刃磨都比较容易,还可以制造形状较复杂的刀具。

(4)与硬质合金材料相比较,有硬度较低、红硬性和耐磨性较差等缺点。

目前,常用作制造刀具的高速钢有:

钨系:W18Cr4V(简称钨18)。具有较好的综合性能。该材料常温硬度为 62 ~ 65HRC,高温硬度在 600 ℃ 时约为 51HRC,磨锐性能好。因此,各种铣刀基本上都用这种材料制造。

钨钼系:W6Mo5Cr4V2Al(501 钢),W6Mo5Cr4V5SiNbAl(B201 钢)。

2. 硬质合金

硬质合金是高硬度、主熔点的金属碳化物(碳化钨 WC、碳化钛 TiC)和以钴(Co)为主的金属黏结剂经粉末冶金工艺制造而成的,其主要特点如下:

(1)耐高温,在 800 ~ 1 000 ℃ 仍能保持良好的切削性能,切削时可选用比高速钢高4 ~ 8倍的切削速度。

(2)常温硬度高,耐磨性好。

(3)抗弯强度低,冲击韧性差,刀刃不易刃磨得很锋利。

目前,常用作制造刀具的硬质合金有:

(1)K 类(钨钴类,牌号为 YG)

这种硬质合金由碳化钨和钴组成,常用的牌号有 YG3、YG6、YG8 等,其中数字表示含钴的百分率,而其余成分为碳化钨。含钴量越大,韧性越好,越不怕冲击,但钴的增加会使硬度和耐热性下降。因此 K 类硬质合金铣刀适用于加工铸铁、有色金属等脆性材料或用在冲击性较大的加工上。但钨钴类硬质合金与钢的熔结温度较低,在 640 ℃ 时就会与钢熔结在一起。用这种刀具切削钢料时,刀具前面上容易出现小凹坑(月牙洼),使刀具很快磨损。

(2)P 类(钨钛钴类,牌号为 YT)

这种硬质合金由碳化钨、碳化钛和钴组成。常用的牌号有 YT6、YT15、YT30 等,其中数字碳化钛的百分率。硬质合金中加入钛后,能提高与钢的熔结温度,减小摩擦系数,并能使耐磨性和硬度略有增加,但降低了抗弯强度和韧性,使脆性增加。因此 P 类硬质合金铣刀适用于加工钢或韧性较大的塑性金属,不宜加工脆性金属。

(3)M 类(通用硬质合金类,钨钛钽(铌)钴类)

M 类硬质合金铣刀主要用在不易加工的高温合金、高锰钢、不锈钢、可锻铸铁、球墨铸铁、合金铸铁等。

选用硬质合金应根据工件的材料和加工条件确定,例如铣削加工的材料是布氏硬度(一种材料硬度的单位)低于 220 的灰口铸铁,要求的铣削条件是具有高韧性,此时应在代号为 K 类(钨钴类 YG)的硬质合金中选择,选代号为 K20(YG6、YG8A)的硬质合金。又如铣削加工的材料是长切屑可锻铸铁,切削条件是低等切削速度,此时应在代号为 P 类(钨钛钴类 YT)的硬质合金中选择,选代号为 P30(YT5)的硬质合金进行铣削加工。此外,还应注意:粗加工时应选用含钴量较多的牌号,精加工时选用含钴量较少的牌号。例如,加工铸铁工件,粗加工时宜选用 YG8 和 YG6,精加工时宜选用 YG3 或 YG6;钢料工件粗加工时宜选用 YT5 或 YT15,精加工时宜选用 YT30 或 YT15。

想一想

(1)制造铣刀切削部分的材料应具备哪些性能? 为什么?

(2)制造铣刀切削部分的材料主要有哪两大类? 各具有什么特点?

(3)W18Cr4V 是什么材料? YG8、YT15 是什么材料? 各适用于什么场合?

任务二　铣刀的种类及标记

一、铣刀常用种类

铣刀的种类很多,同一种刀具名称也很多,并且还有不少俗称,名称的来由主要根据铣刀的某一方面的特征或用途来称呼。分类方法也很多,现介绍几种常见的分类方法。

1.按铣刀切削部分的材料分

(1)高速钢铣刀。这种铣刀是常用铣刀,一般形状较复杂铣刀都是高速钢铣刀。这类铣刀有整体的和镶齿的两种。

(2)硬质合金铣刀。这类铣刀大都不是整体的,将硬质合金铣刀刀片以焊接或机械夹固的方式镶装在铣刀刀体上,如硬质合金立铣刀、三面刃铣刀等,适用于高速切削。

2.按铣刀刀齿的构造分

尖齿铣刀和铲齿铣刀。如图 3.1 所示。

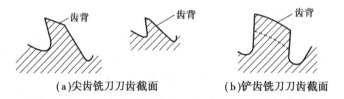

(a)尖齿铣刀刀齿截面　　　(b)铲齿铣刀刀齿截面

图 3.1　铣刀刀齿的构造

(1)尖齿铣刀。如图 3.1(a)所示,在垂直于刀刃的截面上,其齿背的截形由直线或折线组成。尖齿铣刀制造和刃磨比较容易,刃口较锋利。

(2)铲齿铣刀。如图 3.1(b)所示,在刀齿截面上,其齿背的截形由阿基米德螺旋线。它刃磨时,只要前角不变,其齿形就不变。成形铣刀一般采用铲齿铣刀。

3.按铣刀的安装方式分

(1)带孔铣刀。采用孔安装的铣刀称为带孔铣刀,其主要类型如图 3.2 所示。

(2)带柄铣刀。采用柄部安装的铣刀称为带柄铣刀,其主要类型如图 3.3 所示。

4.按铣刀的形状和用途分类(见图 3.2 和图 3.3)

(1)加工平面用铣刀。加工平面用的铣刀主要有两种,即圆柱铣刀和端铣刀。加工较小的平面,也可以用立铣刀和三面刃铣刀。

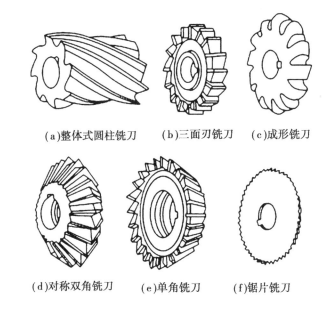

(a)整体式圆柱铣刀　　(b)三面刃铣刀　　(c)成形铣刀

(d)对称双角铣刀　　(e)单角铣刀　　(f)锯片铣刀

图3.2　带孔铣刀主要类型

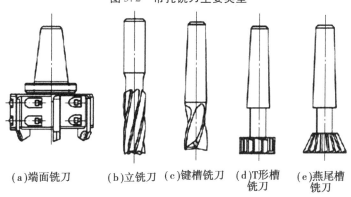

(a)端面铣刀　　(b)立铣刀　　(c)键槽铣刀　　(d)T形槽铣刀　　(e)燕尾槽铣刀

图3.3　带柄铣刀主要类型

（2）加工直角沟槽用铣刀。加工直角沟槽常用三面刃铣刀、立铣刀,还有键槽铣刀、盘形槽铣刀、锯片铣刀、开缝铣刀(切口铣刀)。

（3）加工各种特形槽用铣刀。有T形槽铣刀、燕尾槽铣刀和角度铣刀等。

（4）加工特形面用铣刀。加工特形面的铣刀一般是专门设计而成的,称作成形铣刀,如齿轮盘形模数铣刀。

（5）切断用铣刀。常用的切断铣刀是锯片铣刀。

5.按铣刀的结构形式分类

（1）整体式铣刀如图3.4(a)。这类铣刀的切削部分、装夹部分及刀体成一整体。一般整体式铣刀可用高速钢整料制成,也可用高速钢制造切削部分、用结构钢制造刀体部分,然后再焊接成整体。这类铣刀一般体积都不是很大。

（2）镶齿式铣刀如图3.4(b)。直径较大的三面刃铣刀和端铣刀,一般都采用镶齿结构。镶齿铣刀的刀体是结构钢,刀体上有安装刀齿的部位,刀齿是高速钢制成的,将刀齿镶嵌在刀体上,经修磨而成。这样可节省高速钢材料,提高刀体利用率,具有工艺好等特点。

（3）可转位式铣刀如图3.4（c）。由于硬质合金刀片不采用焊接方式，而用机械夹紧式安装在刀体上，因此保持了刀片原有的性能。刀片磨损后，可将刀片转过一个位置继续使用，等几条刀刃都用钝了，再调换刀片。磨损的刀片经刃磨后还可继续使用。这样就节省了材料和刃磨时间，提高了生产效率。

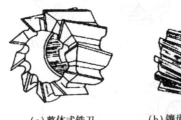

（a）整体式铣刀　　　　（b）镶齿式铣刀　　　　（c）可转位式铣刀

图3.4　不同结构形式的铣刀

二、铣刀的标记

为了便于辨别铣刀的规格、材料和制造单位等，在铣刀上都刻有标记。标记的主要内容包括以下几个方面：

（1）制造厂的商标。各量具刃具厂都有产品商标，一般刻在刀具非工作部位，看见商标就知道是哪家工厂的产品。我国制造铣刀的主要厂家有："◇"表示哈尔滨量具刃具厂，"▲"表示北京量具刃具厂，"☆"表示上海工具厂，"◇"表示上海量刃具厂，"川"表示成都量刃具厂等。其他制造厂都有产品标记。

（2）制造铣刀的材料标记。一般均用材料的牌号表示，如 W18Cr4V 铣刀。

（3）铣刀尺寸规格的标记。随铣刀的形状不同而标记略有区别：

圆柱铣刀、三面刃铣刀和锯片铣刀等均以外圆直径×宽度×内径来表示，如在圆柱铣刀上标有 $80 \times 100 \times 32$。

立铣刀和键槽铣刀等一般只标注外圆直径。

角度铣刀和半圆铣刀等一般以外圆直径×宽度×内孔直径×角度（或圆弧半径）表示，如在角度铣刀上标有 $75 \times 20 \times 27 \times 60°$（或 8R）

注意：铣刀上所标注的尺寸均为基本尺寸，在使用和刃磨后往往会发生变化。

想一想

（1）可转位铣刀属于_____铣刀。

　A.整体　　　　　　　B.机械夹固式　　　　　　　C.镶齿

（2）在三面刃铣刀上标有"$125 \times 24 \times 32$"是什么意思？

任务三　铣刀的主要几何参数

铣刀是多刃刀具，每个齿相当于一把简单的刀具（轫）。如图3.5（a）所示。

下面以圆柱形铣刀为例，介绍铣刀的主要几何参数。如图3.5（b）所示。

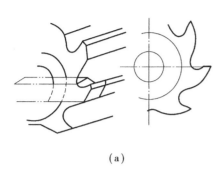

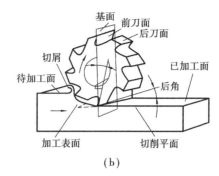

（a）　　　　　　　　　　　（b）

图 3.5　圆柱形铣刀及其组成

一、铣刀各部分的名称

1. 工件上的表面

（1）待加工面。工件上即将被切去的表面。

（2）已加工面。工件上已加工的表面。

2. 假想参考平面

（1）基面。是一个假想平面，它是通过刀刃上任意一点并与该点的切削速度方向垂直的平面。

（2）切削平面。也是一个假想平面，它是通过切削刃并与基面垂直的平面。

3. 刀具上的表面

（1）前刀面。切削时，刀具上切屑流过的表面叫前刀面。

（2）后刀面。与加工表面相对的那个面叫后刀面。

二、圆柱形铣刀的主要几何角度

1. 前角

前角是前刀面与基面的夹角。前角的作用是在切削中减少金属变形，使切屑排出顺利，从而改善切削性能，获得较光洁的已加工表面。前角的选择要根据被切金属材料性能、刀具强度等因素来考虑。一般高速钢铣刀的前角为 $10° \sim 25°$（前角的测量一般是在切屑流出方向的截面内进行）。

2. 后角

后角是后刀面与切削平面的夹角。后角的主要作用是减小后刀面和已加工表面之间的摩擦，使切削顺利进行，并获得较光洁的已加工表面。后角的选择主要根据刀具强度及前角、楔角的大小综合考虑。由于后角是在圆周方向起作用的，所以规定在端截面内测量。一般后角选择为 $6° \sim 20°$。

3. 楔角

楔角是前刀面与后刀面的夹角。楔角的大小决定了刀刃的强度。楔角越小，刀具刃口越锋利，切入金属越容易，但强度和导热性能较差；反之，刀刃强度高，但会使切削阻力增大，因此不同的刀具材料和不同的刀具结构，应选择不同的楔角。

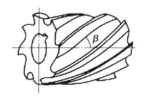

图 3.6　螺旋齿圆柱形铣刀及其螺旋角 β

4. 螺旋角

为了使铣削平稳、排屑顺利,圆柱形铣刀的刀齿一般都制成螺旋槽形,如图 3.6 所示。螺旋齿刀刃的切线与铣刀轴线间的夹角称为圆柱形铣刀的螺旋角。

想一想

(1)铣刀的几何角度中的楔角是_____之间的夹角。

　　A. 切削刃　　　　　　　B. 刀面　　　　　　　C. 坐标面

(2)前刀面与_____之间的夹角称为前角。

　　A. 基面　　　　　　　　B. 切削平面　　　　　C. 后刀面

(3)后刀面与_____之间的夹角称为后角。

　　A. 基面　　　　　　　　B. 切削平面　　　　　C. 后刀面

(4)铣刀前角、后角的作用是什么?

任务四　铣刀的装卸

铣刀安装方法正确与否,决定了铣刀的运转平稳性和铣刀的寿命,影响铣削质量(如铣削加工的尺寸、形位公差和表面粗糙度)。

一、带孔铣刀的装卸

1. 铣刀杆及其安装

圆柱形铣刀和三面刃铣刀等带孔铣刀的安装要通过刀杆,铣刀杆是装夹铣刀的过渡工具。铣刀不同,刀杆的结构及形状也略有差异。如图 3.7 所示。

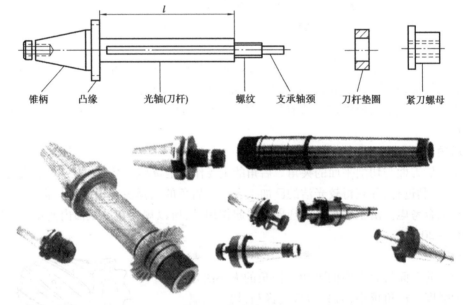

锥柄　　凸缘　　　光轴(刀杆)　　螺纹　　支承轴颈　　　刀杆垫圈　　紧刀螺母

图 3.7　各式铣刀杆

刀杆左端是一锥度为 7∶24 的锥柄,用来与铣床主轴内锥孔相配。锥体尾端有内螺纹孔,通过拉紧螺杆将铣刀杆拉紧在主轴锥孔内。锥体前端有一带两缺口的凸缘,与主轴轴端的凸键配合。铣刀杆中部是长度为 L 的光轴,用来安装铣刀和垫圈,光轴上有键槽,用来安装定位键,将转矩传递给铣刀。铣刀杆右端是螺纹和轴颈,螺纹用来安装紧刀螺母,紧固铣刀,轴颈用来与挂架轴承孔配合,支撑铣刀杆右端。

铣刀杆光轴的直径与带孔铣刀的孔径相对应,有多种规格:16 mm、22 mm、27 mm、32 mm、40 mm、50 mm 和60 mm,常用的有22 mm、27 mm 和32 mm 三种。铣刀杆的光轴长度 L 也有多种规格,可按工作需要选用。根据铣刀孔径选择相应直径的铣刀杆,铣刀杆长度在满足安装铣刀后不影响正常铣削的前提下,尽量选择短一些的,以增强铣刀的刚度。

铣刀杆的安装步骤如表3.1所示。

表3.1 铣刀杆的安装步骤

步 骤	图 例	文字说明
1		将主轴转速调整到最低或将主轴锁紧
2		擦净铣床主轴锥孔和铣刀杆的锥柄,以免脏物影响铣刀杆的安装精度
3		松开铣床横梁的紧固螺母,适当调整横梁的伸出长度,使其与铣刀杆长度相适应。然后将横梁紧固
4		安装铣刀杆。右手将铣刀杆的锥柄装入主轴锥孔。此时铣刀杆凸缘上的缺口(槽)应对准主轴端部的凸键
5		左手转动主轴孔中的拉紧螺杆,使其前端的螺纹部分旋入铣刀杆的螺纹孔6~7 r
6		用扳手旋紧拉紧螺杆上的背紧螺母,将铣刀杆拉紧在主轴锥孔内

2. 带孔铣刀的安装

圆柱形铣刀和三面刃铣刀等带孔铣刀是借助于普通铣刀杆安装在铣床的主轴上的。安装带孔铣刀的步骤如表 3.2 所示。

表 3.2　带孔铣刀的安装步骤

步　骤	图　例	文字说明
1	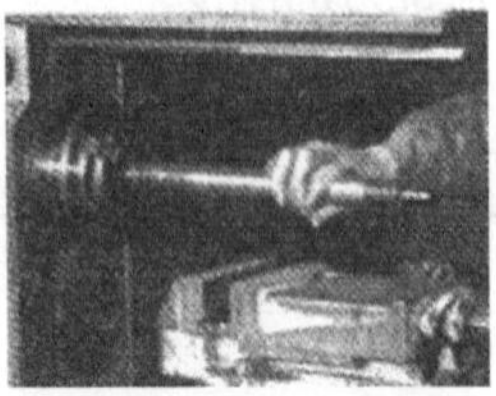	擦净铣刀杆、垫圈和铣刀。确定铣刀在铣刀杆上的位置
2		将垫圈和铣刀装入铣刀杆,并用适当分布的垫圈确定铣刀在铣刀杆上的位置。再用手旋入紧刀螺母
3	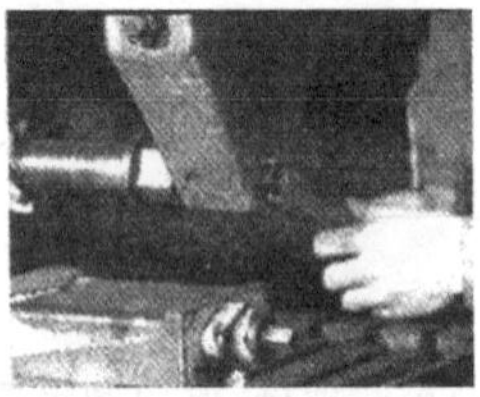	适当调整挂架轴承孔与铣刀杆支承轴颈的间隙
4		擦净挂架轴承孔和铣刀杆的支承轴颈,将挂架装在横梁导轨上,注入适量的润滑油
5		用扳手将挂架紧固
6		将铣床主轴锁紧,然后用扳手将铣刀杆紧刀螺母旋紧,使铣刀被夹紧在铣刀杆上

3. 铣刀和铣刀杆的拆卸

步骤如表3.3所示。

表3.3 铣刀和铣刀杆的拆卸步骤

步 骤	图 例	文字说明
1	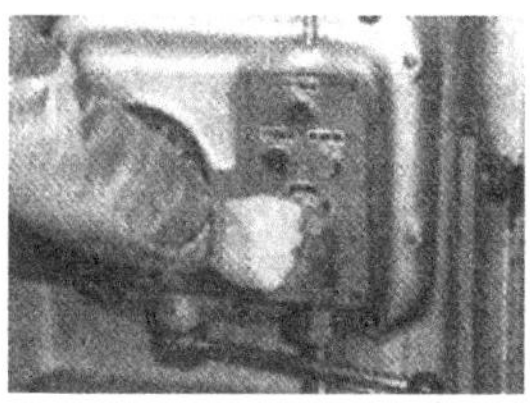	将铣床主轴转速调整到最低或将主轴锁紧
2		用扳手反向旋转铣刀杆上的紧刀螺母,松开铣刀
3	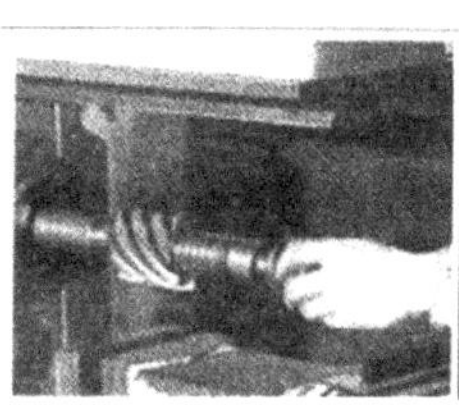	旋下紧刀螺母,取下垫圈和铣刀
4		将挂架轴承间隙调大,然后松开取下挂架
5	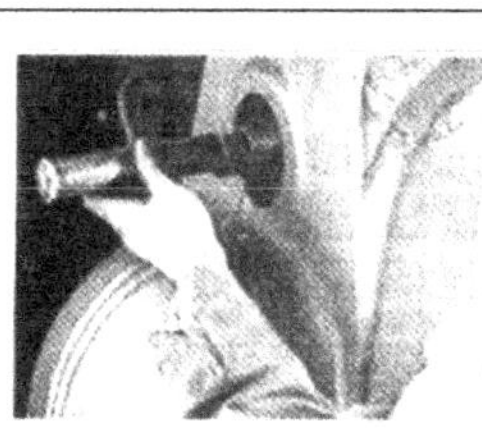	用扳手松开拉紧螺杆上的背紧螺母,再将其旋出一周。用锤子轻轻敲击拉紧螺杆的端部,使铣刀杆锥柄从主轴锥孔中松脱
6		右手握铣刀杆,左手旋出拉紧螺杆,取下铣刀杆,将铣刀杆擦净、涂油,然后将铣刀杆垂直放置在专用的支架上

二、套式端铣刀的安装

套式端铣刀有内孔带键槽和端面带键槽两种结构形式。安装时分别采用带纵键的铣刀杆和带端键的铣刀杆,铣刀杆的安装方法与前面相同。

1. 内孔带键槽的套式端铣刀的安装

内孔带键槽套式端铣刀的安装,如图3.8所示。其安装步骤如下:

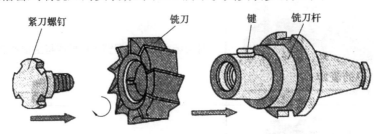

图3.8　内孔带键槽套式端铣刀的安装

（1）根据铣刀孔直径,选择相应直径的刀杆;

（2）做好安装部位的清洁工作;

（3）将刀杆安装在铣床上,刀杆凸缘上的槽对准主轴端部的凸键;

（4）安装铣刀,铣刀孔的键槽对准刀杆上的键;

（5）旋紧螺钉,紧固铣刀。

2. 端面带键槽套式端铣刀的安装

端面带键槽套式端铣刀的安装,如图3.9所示。其安装步骤如下:

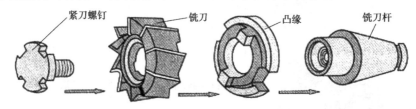

图3.9　内孔带键槽套式端铣刀的安装

（1）根据铣刀孔直径,选择相应直径的刀杆;

（2）做好安装部位的清洁工作;

（3）将凸缘装入刀杆;

（4）将刀杆安装在铣床上。刀杆凸缘外部的槽对准铣床主轴端部的凸键;

（5）安装铣刀。铣刀孔的键槽对准刀杆凸缘内的凸键,旋入紧刀螺钉。

三、带柄铣刀的装卸

带柄铣刀有直柄和锥柄两种。直柄铣刀有立铣刀、T形槽铣刀、键槽铣刀、半圆键槽铣刀、燕尾槽铣刀等,其柄部为圆柱形。锥柄铣刀有锥柄有锥柄立铣刀、锥柄T形槽铣刀、锥柄键槽铣刀等,其柄部一般采用莫氏锥度,有莫氏1号、2号、3号、4号、5号五种,按铣刀直径的大小不同,制成不同号数的锥柄。

1. 直柄铣刀的安装

直柄铣刀的安装,一般通过钻夹头或弹簧夹头(通常有 3 条弹性槽),安装在铣床主轴锥孔内。如图 3.10 所示。直柄铣刀的柄部装入钻夹头或弹簧夹头内,钻夹头或弹簧夹头的柄部装入主轴锥孔内。

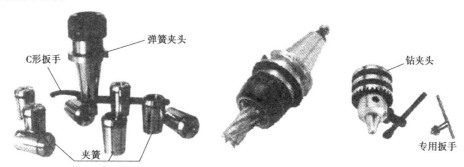

图 3.10 直柄铣刀的安装

2. 锥柄铣刀的装卸

(1)锥柄铣刀的安装

如果铣刀柄部锥度与铣床主轴锥孔锥度相同,擦净铣刀,将锥柄装入铣床主轴锥孔中。然后旋入拉紧螺杆,用专用的拉杆扳手将其旋紧即可,如图 3.11 所示。

图 3.11 柄部锥度与铣床主轴锥孔锥度相同的铣刀安装

如果铣刀柄部锥度与铣床主轴锥孔锥度不同,可用中间锥套(变形套)来安装。如图 3.12 所示。安装时,将铣刀装入中间锥套的锥孔中,再将装有铣刀的中间锥套装入铣床主轴锥孔内。

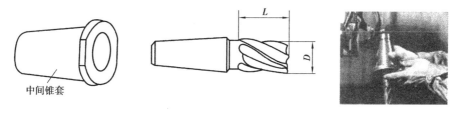

图 3.12 借助中间锥套安装锥柄铣刀

(2)锥柄铣刀的拆卸

借助中间锥套安装的锥柄铣刀,卸刀时应连同中间锥套一并卸下。若铣刀落入中间锥套内,可用短螺杆旋入几圈后,用锤子敲下铣刀。如图 3.13 所示。

在万能铣头上拆卸锥柄铣刀时,先将主轴转速降到最低或将主轴锁紧,然后用拉杆扳手旋

37

图3.13　借助中间锥套安装的锥柄铣刀的拆卸

松拉紧螺杆,继续旋转拉紧螺杆,在背紧螺母限位的情形下,利用拉紧螺杆向下的推力直接卸下铣刀,如图3.14所示。

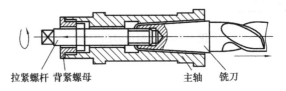

拉紧螺杆　背紧螺母　　　　　　主轴　铣刀

图3.14　在万能铣头上拆卸锥柄铣刀

四、铣刀安装后的检查

铣刀安装后,应做以下几方面检查:

(1)检查铣刀装夹是否牢固。

(2)检查挂架轴承孔与铣刀杆支撑轴颈的配合间隙是否合适,一般情形下以铣削时不振动、挂架轴承不发热为宜。

(3)检查铣刀回转方向是否正确,在启动机床主轴回转后,铣刀应向着前刀面方向回转,如图3.15所示。

(4)检查铣刀刀齿的径向圆跳动和端面圆跳动。对于一般的铣削,可用目测或凭经验确定铣刀刀齿的径向圆跳动和端面圆跳动是否符合要求。对于精密的铣削,可用百分表检测。如图3.16所示。将磁性表座吸在工作台上,使百分表的测量触头触到铣刀的刃口部位,测量杆垂直于铣刀轴线(检查径向圆跳动)或平行于铣刀轴线(检查端面圆跳动),然后用扳手向铣刀后刀面方向回转铣刀,观察百分表指针在铣刀回转一转内的变化情况,一般要求为 $0.005 \sim 0.006$ mm。

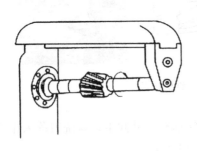

图3.15　铣刀向着前刀面方向回转

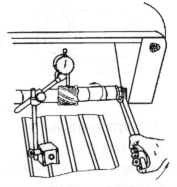

图3.16　检查铣刀刀齿的径向圆跳动

如果检查跳动量过大,应重装。铣刀安装后跳动量过大的主要原因有:

(1)装刀时,铣刀和刀杆等结合面未清洁干净。

(2)主轴锥孔有拉毛现象。

(3)刀杆弯曲。

(4)铣刀刃磨不准确。

若铣刀和刀杆等结合面未清洁干净,应拆下清洁各面并去除毛刺污物。若主轴锥孔有拉毛现象,应仔细修复。若刀杆弯曲,可进行校正。若铣刀刃磨质量不好,铣刀各切削刃不在同一圆周上,可重新刃磨或换刀。

想一想

(1)卧式铣床常用的铣刀刀杆直径有_____、40 mm 和 50 mm 五种。

　　A.22 mm,27 mm,32 mm　　　B.20 mm,25 mm,30 mm　　　C.10 mm,20 mm,30 mm

(2)铣刀安装后,安装精度通过检查铣刀的_____确定。

　　A.夹紧力　　　　　　　　　B.转向　　　　　　　　　C.跳动量

(3)弹簧夹头是用于装夹直柄铣刀的,通常有_____条弹性槽。

　　A.5　　　　　　　　　　　B.4　　　　　　　　　　　C.3

(4)安装锥柄铣刀的过渡套筒内锥是_____。

　　A.莫氏锥度　　　　　　　　B.7∶24 锥度　　　　　　　C.20°锥度

(5)造成铣刀安装后跳动量过大的原因是什么? 如何消除这些因素?

(6)怎样安装机夹式不重磨铣刀的刀片?

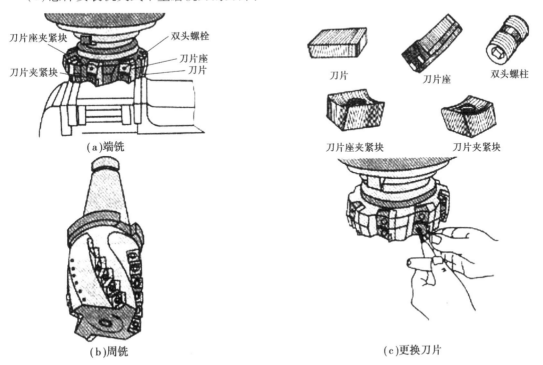

图 3.17　机夹式不重磨铣刀及其刀片安装

提示

机夹式硬质合金不重磨铣刀,如图3.17所示。不需要操作者刃磨,若铣削中刀片的切削刃用钝,只要用内六角扳手旋松双头螺柱,就可以松开刀片夹紧块。取出刀片,把用钝的刀片转换一个位置(等多边形刀片的每一个切削刃都用钝后,更换新刀片),然后将刀片紧固即可(图3.17(c))。

使用硬质合金不重磨铣刀,要求机床、夹具刚性好,机床功率大,工件装夹牢固,刀片牌号与加工工件的材料相适应,刀片用钝后要及时更换。

项目四　工件的定位、装夹

项目内容

(1)工件定位基准的选择;

(2)常用夹具;

(3)工件的装夹。

项目目的

(1)了解基准的种类;

(2)掌握定位基准的选择原则;

(3)了解平口钳的结构;

(4)掌握平口钳的安装和校正方法;

(5)掌握用平口装夹工件的方法;

(6)握用压板装夹工件的方法。

项目实施过程

任务一　工件定位基准的选择

在机床上加工工件时,首先应根据技术要求,使工件相对于切削刀具占有一个正确的位置,以便使各加工表面的位置精度符合图样要求,这就需要定位。

一、基准的种类

基准分设计基准和工艺基准两大类。

1. 设计基准

零件(或产品)在设计图样上,用来确定其他点、线和面位置的点、线、面,称为设计基准,如图4.1所示。设计基准一般是零件图样上标注尺寸的起点或对称点,如齿轮的轴线或孔的中心线等。矩形零件两相互垂直的侧面和箱体零件的底面为设计基准。

2. 工艺基准

工艺基准是指在机械制造过程中采用的各种基准。其中包括定位基准、测量基准和装配基准。

(1)定位基准。工件在机床上或夹具中定位时,用以确定加工表面对刀具切削位置之间相互关系的基准称为定位基准。

图4.2所示为两个平面作为定位基准的例子。图4.3所示为在一次装夹的两个工位中利

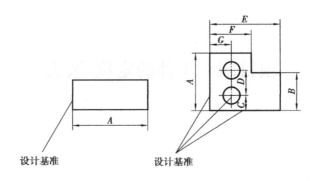

图 4.1 设计基准

用孔和平面作为定位基准的例子。

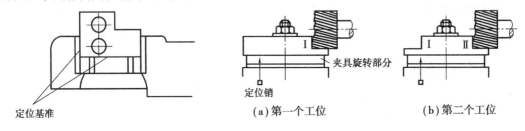

图 4.2 定位基准

图 4.3 一次装夹两个工位

(2)测量基准。用以测量工件各表面的相互位置、形状尺寸的基准称为测量基准,测量基准往往就是设计基准,如图 4.4 所示。测量基准往往就是设计基准。

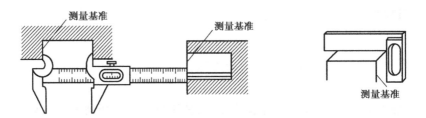

图 4.4 测量基准

(3)装配基准。在装配中用以确定工件本身位置的基准称为装配基准,如图 4.5 所示。一般情况零件的装配基准就是零件的设计基准。

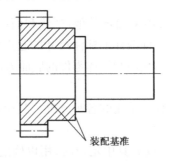

图 4.5 装配基准

二、定位基准的选择原则

选择定位基准是加工前的一个重要问题,定位基准选择得正确与否,直接影响着零件各加工表面之间的相互位置精度和加工时的难易程度,这也必然会影响到产品的加工效率和加工成本。所以,选择定位基准时主要应掌握两个原则,即保证加工精度和装夹方便。

1. 粗基准的选择原则

以毛坯上未经加工过的表面作基准,这种定位基准称为粗基准。粗基准的选择原则如下:

(1)当工件上所有表面都需要加工时,应选择加工余量最小的表面作粗基准。

(2)若工件必须首先保证其重要表面的加工余量均匀,则应选择该表面为粗基准。如车床床身的导轨面等,在以导轨面作粗基准时,会使导轨的加工余量均匀而减小,使其表面金相组织基本一致。

(3)工件上有不需要加工的表面时,应以不加工的面作粗基准。

(4)当工件上有多个不加工表面时,应尽量选择平整的表面作粗基准,以便定位准确、夹紧可靠。

(5)粗基准一般只能使用一次,避免重复使用。因粗基准的表面粗糙度和精度都很差,重复使用时,即使安装的条件相同,也不易使工件精确地处在原来的位置上,因此必然会产生定位误差。

2. 精基准的选择原则

以已加工过的表面作定位基准,称为精基准。精基准的选择原则如下:

(1)基准重合原则。就是尽量采用设计基准、装配基准和测量基准作定位基准。如齿轮孔的中心线是设计基准,在加工时采用孔来定位,又是定位基准,即设计基准与定位基准重合,同时也是装配基准。这是因为这些基准有一个共同的作用,就是满足工件的用途要求。

如图 4.6 所示,要加工零件上的槽,设计尺寸如图 4.6(a)所示。在定距铣削时,工件定位如图 4.6(b)所示,铣削完毕后,检验尺寸 $16_{-0.2}^{0}$ mm。这时设计基准与定位基准和测量基准是重合的。

图 4.7(a)所示零件的设计基准与图 4.6(a)所示不同,即设计基准与定位基准不重合,如仍用定距方式铣削此零件的槽,则会产生积累误差。

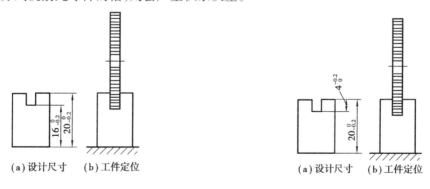

(a)设计尺寸 (b)工件定位	(a)设计尺寸 (b)工件定位
图 4.6 基准重合	图 4.7 基准不重合

(2)基准统一原则。当工件上有几个相互位置精度要求高、关系比较复杂的表面,而且这些表面不能在一次安装中加工出来时,在加工过程的各次安装中应采用同一个定位基准。

(3)定位基准应能保证工件在定位时具有良好的稳定性以及尽量使夹具的结构简单。

(4)定位基准应保证工件在受夹紧力和铣削力等外力作用时引起的变形最小。

在实际选择定位基准时,上面的几项原则有时会产生矛盾,因此,必须根据具体情况进行仔细分析比较,选择最合理的定位基准。

想一想

(1)基准分_____和_____两大类。

(2)工艺基准是指在_____过程中采用的各种基准,其中包括_____、_____和装配基准。

(3)选择定位基准时主要应掌握两个原则,即_____和_____。

(4)简述什么是粗基准及其选择原则。

(5)简述什么是精基准及其选择原则。

任务二 常用夹具

为了使工件在铣削力和其他外力的作用下始终保持其原有的位置,必须将工件夹紧。工件从定位到夹紧的全过程,叫做安装。用来使工件定位和夹紧的装置称为夹具。

一、夹具的作用

(1)能保证工件的加工精度;

(2)减少辅助时间,提高生产效率;

(3)扩大通用机床的使用范围;

(4)能使低等级技术工人完成复杂的加工任务;

(5)减轻操作者的劳动强度,并有利于安全生产。

二、夹具的种类

1.通用夹具

这类夹具通用性强,由专门厂家生产,并经标准化,其中有的作为机床的标准附件随机床配套,如:铣床上常用的平口钳、分度头等。

2.专用夹具

专用夹具是为了适应某一特定工件的某一个工序加工要求而专门设计制造的。

3.可调夹具

为了扩大夹具的使用范围,解决专用夹具利用率低的缺点,目前大量使用的是可调夹具。

4.组合夹具

在新产品试制和单件生产情况下,采用组合夹具可缩短夹具的制造时间。因为组合夹具的元件是预先制造好的,故能较快地组装,为生产提供夹具。另外,还可以节省制造夹具的材料和制造费用,因为元件可重复使用。但一套组合夹具的元件数量多,如图4.8所示,一次性的成本较大,维护和管理的工作量也较大。因此,只有在较大范围内集中组装,供给一个规模较大的工厂或几十工厂以至一个地区的工厂使用,才能充分发挥其优点和显现其经济效益。

三、机床用平口虎钳(简称平口虎钳或平口钳)

1.平口钳的用途

平口钳是铣床上用来装夹工件的夹具。它主要用在铣削加工零件的平面、台阶、斜面,铣

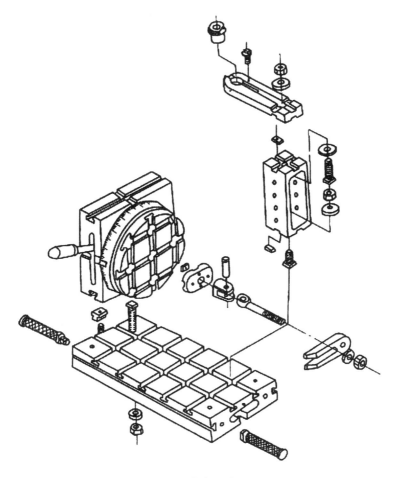

图4.8　组合夹具的元件

削加工轴类零件的键槽等场合。

2. 平口钳的结构

常用的平口钳有非回转式(固定式)和回转式两种,如图4.9所示。

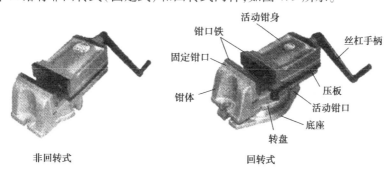

非回转式　　　　　　　　回转式

图4.9　平口钳

(1)回转式平口钳。回转式平口钳主要由固定钳口、活动钳口、底座等组成。钳身可绕其轴线在360°范围内任意扳转,故适应性很强。但由于多了一层转盘结构,高度增加,刚性相对较差。

(2)非回转式平口钳。非回转式平口钳与回转式的平口钳的结构基本相同,只是底座没有转盘,钳体不能回转,但刚性好。因此,在铣削平面、垂直面和平行面时,一般都采用非回转式平口钳。

3.平口钳的规格

平口钳的规格是以钳口铁的宽度而定的,常用的有 100 mm、125 mm、136 mm、160 mm、200 mm 和 250 mm 6 种规格。

4.平口钳的安装

平口钳的安装非常方便,方法和步骤如下。

(1)清洁。将钳座底面和铣床工作台面擦干净。

(2)平口钳安装位置。平口钳安装在铣床工作台面上,并且是工作台长度方向中心线偏左处,其固定钳口根据加工要求,应与铣床主轴线平行或垂直。如图 4.10 所示。

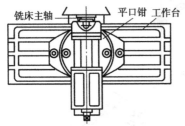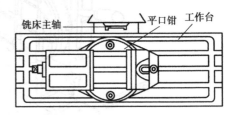

(a)固定钳口与铣床主轴轴线平行　　　　　　　(b)固定钳口与铣床主轴轴线垂直

图 4.10　平口钳在铣床上的安装位置

(3)平口钳与铣床的固定。平口钳底座的定位键与工作台的 T 形槽相配,紧固在工作台台面上。

(4)调整角度。转动钳体,使固定钳口与铣床主轴线垂直或平行,也可按需要,调整成所要求的角度。

5.固定钳口的校正方法

加工相对位置精度要求较高的工件时,应对固定钳口进行校正,其方法有以下 3 种:

(1)用划针校正固定钳口与铣床主轴线的垂直。如图 4.11 所示。其方法是:

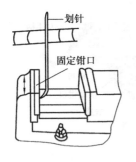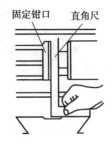

图 4.11　用划针校正固定钳口　　　　　图 4.12　用直角尺校正固定钳口
与铣床主轴线的垂直　　　　　　　　与铣床主轴线的平行

松开平口钳钳体的紧固螺母,将划针夹持在铣刀刀杆的垫圈间,使划针针尖靠近固定钳口平面。移动纵向工作台,观察平口钳位置,如果划针针尖与固定钳口平面间的缝隙,在钳全长范围内一致,则固定钳口与铣床主轴线垂直。否则,应调整平口钳位置,使划针针尖与固定钳口平面间的缝隙,在钳口全长范围内一致。调好以后,紧固钳体。

(2)用直角尺校正固定钳口与铣床主轴线的平行。如图4.12所示。其方法是:

松开平口钳钳体紧固螺母,将直角尺的短边紧靠在床身的垂直导轨面上,其长边的外侧紧靠固定钳口平面。调整钳体,观察钳口平面在全长范围内与直角尺长边外侧,至紧密贴合,紧固钳体,并再次检查。

(3)用百分表校正固定钳口。如图4.13所示。其方法是:

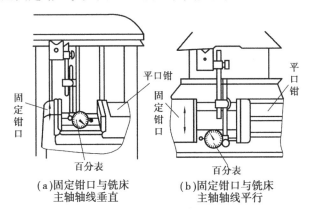

(a)固定钳口与铣床　　　(b)固定钳口与铣床
主轴轴线垂直　　　　　　主轴轴线平行

图4.13　用百分表校正固定钳口

将百分表的磁性表座吸在悬梁导轨面上,使百分表测量杆与固定钳口平面垂直,让触头与钳口的平面接触,测量杆压缩范围在0.3～0.4 mm内。移动纵向工作台,观察百分表读数,若在钳口全长范围内是一致的,则固定钳口就与铣床主轴线垂直,紧固钳体,并再次复检。

校正固定钳口与铣床主轴线平行时,将百分表的磁性表座吸在床身的垂直导轨面上,移动横向工作台,校正方法同上。

四、压板

压板主要用在对尺寸较大或形状较复杂,不便用平口钳装夹工件的场合。压板装夹工件如图4.14所示。

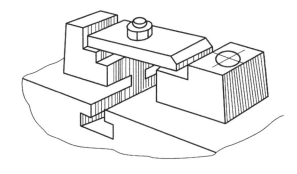

图4.14　用压板装夹工件

压板的主要工具有垫铁、T形螺栓及螺母,或T形螺栓等,如图4.15所示。

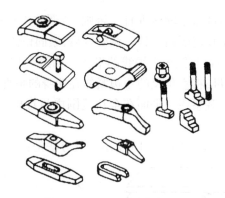

图 4.15　压板、垫铁、螺栓

想一想

（1）什么装置称为夹具？夹具有哪些作用？

（2）怎样安装和校正平口钳？

任务三　工件的装夹

工件的装夹，主要包含两个步骤：首先必须对工件进行准确的定位（即找正），使工件在夹具或机床上相对于刀具具有正确的加工位置。然后再把工件夹紧，将定位后的正确位置保持到加工结束，以保证工件的位置精度符合图样要求。

工件的正确装夹对保证工件的加工质量、对保证铣削过程的顺畅，是非常重要的。因为铣削加工过程中产生很大的作用力，如果工件装夹不牢固，工件在切削力的作用下会产生振动，折断铣刀，损坏刀杆、夹具和工件，甚至会发生人身事故。所以必须正确装夹工件。

一、工件装夹的基本要求

1. 对夹紧力的要求

（1）夹紧力应垂直于定位基准，且不改变工件的正确定位位置。

（2）夹紧力的大小应使工件加工过程中位置稳固。

（3）夹紧力所产生的变形不应超过所允许的范围，工件表面不应有夹紧力造成的损伤。

2. 对夹紧机构的要求

（1）夹紧机构应能调节夹紧力的大小。

（2）夹紧机构应不妨碍铣刀对工件的铣削。

（3）夹紧机构应有足够的强度和刚度，并具有装卸动作快、操作方便、体积小和安全等特点。

二、用平口钳装夹工件

1. 装夹方法

铣削一般长方体工件的平面、斜面、台阶或轴类工件的键槽时，都可以用平口钳来进行装夹，用平口钳装夹工件的方法如下：

（1）选择毛坯件上一个大而平整的毛坯面作粗基准，将其靠在固定钳口面上。在钳口与工件之间应垫上铜皮，以防止损伤钳口。用划线盘校正毛坯上平面位置，符合要求后夹紧工件,如图 4.16 所示。校正时,工件不宜夹得太紧。

图 4.16 毛坯件的装夹

(2)以平口钳固定钳口面作为定位基准时,将工件的基准面靠向固定钳口面,并在其活动钳口与工件间放置一圆棒。圆棒要与钳口的上平面平行,其位置应在工件被夹持部分高度中间偏上。通过圆棒夹紧工件。能保证工件的基准面与固定钳口面的密合,如图 4.17 所示。

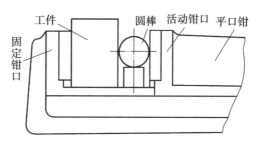

图 4.17 用圆棒夹持已加工工件

(3)以钳体导轨平面作为定位基准时,将工件的基准面靠向钳体导轨面。在工件与导轨面之间要加垫平行垫铁。为了使工件基准面与导轨面平行,工件夹紧后,可用铝棒或紫铜棒(锤)轻击工件上平面,并用手试移垫铁。当垫铁不再松动时,表明垫铁与工件,同时垫铁与水平导轨面三者密合较好。敲击工件时,用力要适当,并逐渐减小。用力过大,会产生的反作用力而影响平行垫铁的密合,如图 4.18 所示。

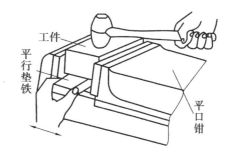

图 4.18 用平行垫铁装夹工件

2.用平口钳装夹工件时的注意事项

(1)安装平口钳时,应擦净钳座底面、工作台面。安装工件时,应擦净钳口铁平面、钳体导轨面及工件表面。

(2)装夹毛坯时,应在毛坯面与钳口面之间垫在上铜皮等物。

（3）装夹工件时，必须将工件的基准面贴紧固定钳口或导轨面。在钳口平行于刀杆的情况下，承受切削力的钳口必须是固定钳口。

（4）工件的加工表面必须高出钳口，以免铣坏钳口或损坏铣刀。如果工件加工表面低于钳口平面，可在工件下面垫放适当厚度的平行垫铁，并使工件紧贴平行垫铁。

（5）工件的装夹位置和夹紧力的大小应合适，使工件装夹后稳固、可靠。

（6）用平行垫铁装夹工件时，所选垫铁的平面度、上下表面的平行度以及相邻表面的垂直度应符合要求。垫铁表面应具有一定的硬度。

三、用压板装夹工件

形状、尺寸较大或不便于用平口钳装夹的工件，常用压板将其压紧在铣床工作台上进行装夹。

1. 用压板装夹工件的方法

在铣床上使用压板夹紧工件时，应选择两块以上的压板，压板的一端搭在工件上，另一端搭在垫铁上，垫铁的高度应等于或略高于工件被压紧部位的高度，中间螺栓到工件间的距离应略小于螺栓到垫铁间的距离。使用压板时，螺母和压板平面之间应垫有垫圈，如图4.19所示。

2. 用压板装夹工件的注意事项

（1）压板的位置要放置正确，应压在工件刚度最大部位。

（2）螺栓要尽量靠近工件，以增大夹紧力。

（3）垫铁高度应适当，防止压板和工件接触不良。如图4.20所示为压板、垫铁的放置方法。

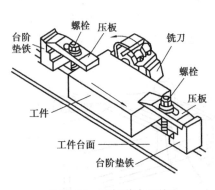

图4.19　压板装夹工件

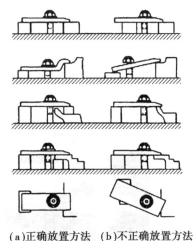

（a）正确放置方法　（b）不正确放置方法

图4.20　压板、垫铁的放置方法

（4）工件夹紧处不能有悬空现象，如有悬空，应将工件垫实。

（5）螺栓要拧紧，夹紧力的大小要适当。

（6）装夹毛坯时，应在毛坯和工作台面之间加垫纸片或铜片，以免损伤台面，同时可增加台面与工件之间的摩擦力，使工件夹紧牢靠。

（7）装夹已加工工件时，应在压板和工件之间垫上纸片或铜片，以免使压板损伤工件已加工表面。

（8）使用压板时,在螺母和压板之间应垫上垫圈。

想一想

（1）在立式铣床上用平口虎钳装夹工件,其夹紧力是指向_____。

  A.活动钳口　　　　　　　　B.虎钳导轨　　　　　　　　C.固定钳口

（2）机床用平口虎钳装夹工件,工件余量层应_____钳口。

  A.稍低于　　　　　　　　　B.稍高于　　　　　　　　　C.尽量多高于

（3）用压板压紧工件时,垫块的高度应_____工件。

  A.稍低于　　　　　　　　　B.稍高于　　　　　　　　　C.尽量低于

（4）在铣床上采用压板夹紧工件时,为了增大夹紧力,应使螺栓_____。

  A.远离工件　　　　　　　　B.在压板中间　　　　　　　C.靠近工件

（5）工件装夹有哪些基本要求?

（6）用平口钳装夹工件时应注意哪些问题?

（7）使用压板、螺栓夹紧工件应注意哪些事项?

项目五　铣削用量和切削液

项目内容

(1)铣削用量的基本知识；

(2)铣削用量的选择；

(3)切削液。

项目目的

(1)了解铣削的基本运动；

(2)理解铣削用量的四个主要要素；

(3)熟悉铣削用量的选择；

(4)切削液的作用、种类及选用。

项目实施过程

任务一　铣削用量的基本知识

一、铣削的基本运动

铣削与其他切削加工方法一样，是通过在铣床上的工件和铣刀作相对运动来实现的。铣削时，工件与铣刀的相对运动称为铣削运动。它包括主运动和进给运动。

1. 主运动

主运动是切除工件表面多余材料所需的最基本的运动，是指直接切除工件上待切削层使之转变为切屑的主要运动。主运动是消耗机床功率最多的运动。铣削运动中，铣刀的旋转运动是主运动。

2. 进给运动

进给运动是使工件切削层材料相继投入切削，从而加工出完整表面所需的运动。铣削运动中，工件的移动或回转、铣刀的移动等是进给运动。它分为吃刀运动和走刀运动。

(1)吃刀运动。指控制刀刃切入深度的运动，在多数情况下是间歇性的。

(2)走刀运动。指沿着所要形成的工件表面的进给运动，用进给速度或进给量表示。

二、铣削用量

在铣削过程中所选用的切削用量称为铣削用量。铣削用量的要素主要有：铣削宽度、铣削深度、铣削速度和进给量。铣削用量的选择，对提高生产效率，改善工件表面粗糙度和加工精度都有密切关系。铣削用量如图 5.1 所示。

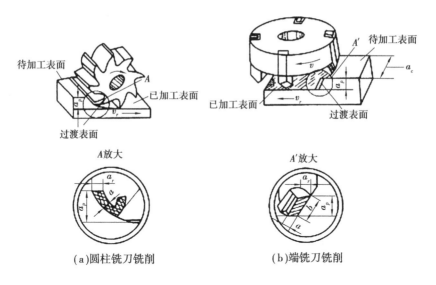

图 5.1　铣削用量

1. 铣削宽度

铣刀在一次进给中所切掉工件表层的宽度,用 a_c 符号表示,单位为 mm。

2. 铣削深度

铣刀在一次进给中切掉工件表层的厚度,也就是指工件的已加工表面和待加工表面的垂直距离,用符号 a_p 表示,单位为 mm。铣削层宽度和铣削层深度如图 5.2 所示。

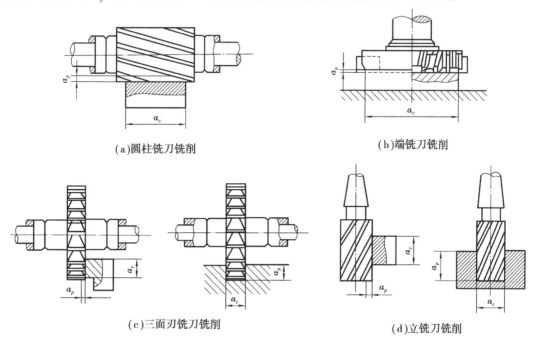

图 5.2　铣削层宽度 a_c 和深度 a_p

3. 铣削速度

主运动的线速度叫做铣削速度，也就是铣刀刀刃上离中心最远的一点在 1 min 内所转过的长度，用符号 v 表示，单位为 m/min。根据定义，铣刀的转速越高，直径越大，铣削速度 v 就越大。由于影响铣刀耐用度的是铣削速度而不是转速，因此，在实际铣削时，应根据工件材料、铣刀切削部分材料、加工阶段的性质等因素确定铣削速度，然后再根据铣刀直径和铣削速度来计算转速。它们的相互关系如下：

$$v = \frac{\pi D n}{1\,000}$$

即：切削速度 $= \pi(3.14) \times$ 铣刀直径 $\times$ 主轴转速 $/1\,000$。

由上式得

$$n = \frac{1\,000 v}{\pi D}$$

式中　　v——铣削速度，m/min（米/分）；

　　　　D——铣刀直径，mm（毫米）；

　　　　n——铣刀或铣床主轴转速，r/min（转/分）；

4. 进给量

进给量是指铣刀在进给运动方向上相对工件的单位位移量，用 f 表示。进给量有三种表示法：

（1）每齿进给量 f_z。铣刀每转中每一刀齿在进给运动方向上相对工件的位移量。单位为 mm/z。

（2）每转进给量 f。铣刀每转一周在进给运动方向上相对工件的位移量。单位为 mm/r。

（3）每分钟进给量 v_f（即进给速度：铣床上进给变速机构标定的进给量）。铣刀每转 1 分钟，在进给运动方向上相对工件的位移量。单位为 mm/min。

三种进给量的关系为：

$$v_f = fn = f_z z n$$

式中　　n——铣刀或铣床主轴转速，r/min；

　　　　z——铣刀齿数。

即：每分钟进给量 = 每转进给量 × 主轴转速 = 每齿进给量 × 铣刀齿数 × 主轴转速

想一想

（1）促使刀具和工件之间产生相对运动，使刀具前刀面接近工件的运动称为_____。

　　A. 辅助运动　　　　　　　B. 进给运动　　　　　　　C. 主运动

（2）铣刀切削刃选定点相对于工件的主运动的瞬时速度称为_____。

　　A. 铣削速度　　　　　　　B. 进给量　　　　　　　　C. 转速

（3）铣床上进给变速机构标定的进给量单位是_____。

　　A. mm/r　　　　　　　　 B. mm/min　　　　　　　 C. mm/z

（4）铣削速度的单位是_____。

　　A. m/min　　　　　　　　B. mm　　　　　　　　　 C. r/min

（5）在 X5032 型铣床上选用直径为 100 mm 的铣刀，主轴转速调整到 75 r/min。试求铣削速度为多大？若铣刀的直径改为 200 mm，铣削速度又为多大？

（6）铣刀直径 100 mm，齿数是 10，铣削速度为 26 m/min，每齿进给量为 0.05 mm/z，求铣床主轴转速及每分钟进给量。

任务二　铣削用量的选择

合理的切削用量，是在保证加工质量的前提下，在工艺系统刚度允许的前提下，延长刀具寿命，提高加工效率，降低加工成本时的最大切削用量。

所谓工艺系统指的是由机床、夹具、刀具和工件所组成的，在进行切削用量选择时必须充分考虑其强度和刚性。因此在进行切削用量的选择时，必须在增大一些要素的同时，适当的减小其他要素。

选择铣削用量，首先应选用较大的铣削层宽度和铣削层深度，再选用较大的每齿进给量，最后确定综合上述因素后，选择一个合适铣削速度。

一、铣削层深度 a_p 和铣削层宽度 a_e 的选择

在进行铣削层深度 a_p 选择时，必须充分考虑切削力对工艺系统强度、刚性和加工精度的影响。

铣削层深度 a_p 主要根据工件的加工余量和加工表面的精度及质量来确定。当加工余量不大时，应尽量一次进给铣去全部加工余量，以提高加工效率。只有当工件的加工余量较大、加工精度要求较高或加工表面的表面粗糙度值小于 $R_a6.3$ μm 时，才分粗、精铣或分层铣削。具体数值的选取可参考表 5.1。

表 5.1　铣削层深度选取表　　　　　　　　　　mm

工件材料	高速钢铣刀		硬质合金铣刀	
	粗铣	精铣	粗铣	精铣
铸铁	5 ~ 7	0.5 ~ 1	10 ~ 18	1 ~ 2
软钢	< 5		< 12	1 ~ 2
中硬钢	< 4		< 7	1 ~ 2
硬钢	< 3		< 4	1 ~ 2

在铣削过程中，铣削层宽度 a_e 一般可根据加工面宽度决定，尽量一次铣出，以尽量减少加工次数。

二、每齿进给量 f_z 的选择

粗铣时，进给量的选择受限于铣床进给系统、铣刀的刀齿强度和工件的表面粗糙度。进给量的大小主要根据铣床进给机构的强度、刀轴尺寸、刀齿强度、工艺系统的刚度以及加工工件的表面粗糙度的大小来确定。在工件、机床、强度、刚度和表面粗糙度要求许可的条件下，进给量应尽量取得大些。

精铣时，限制进给量提高的主要因素是工件的表面粗糙度要求。为了减少工艺系统的弹性变形，减小已加工表面的残留面积，一般采取较小的进给量。具体数值的选择可参见表 5.2。

表 5.2　每齿进给量推荐表　　　　　　　　　　　　　mm/z

工件材料	工件材料硬度/HB	硬质合金		高速钢			
		端铣刀	三面刃铣刀	圆柱铣刀	立铣刀	端铣刀	三面刃铣刀
低碳钢	~150	0.2~0.4	0.15~0.30	0.12~0.2	0.04~0.20	0.15~0.30	0.12~0.20
	150~200	0.20~0.35	0.12~0.25	0.12~0.2	0.03~0.18	0.15~0.30	0.10~0.15
中、高碳钢	120~180	0.15~0.5	0.15~0.3	0.12~0.2	0.05~0.20	0.15~0.30	0.12~0.2
	180~220	0.15~0.4	0.12~0.25	0.12~0.2	0.04~0.20	0.15~0.25	0.07~0.15
	220~300	0.12~0.25	0.07~0.20	0.07~0.15	0.03~0.15	0.1~0.2	0.05~0.12
灰铸铁	120~180	0.2~0.5	0.12~0.3	0.2~0.3	0.07~0.18	0.2~0.35	0.15~0.25
	180~220	0.2~0.4	0.12~0.25	0.15~0.25	0.05~0.15	0.15~0.3	0.12~0.20
	220~300	0.15~0.3	0.10~0.20	0.1~0.2	0.03~0.10	0.10~0.15	0.07~0.12
可锻铸铁	110~160	0.2~0.5	0.1~0.30	0.2~0.35	0.08~0.20	0.2~0.4	0.15~0.25
	160~200	0.2~0.4	0.1~0.25	0.2~0.3	0.07~0.20	0.2~0.35	0.15~0.20
	200~240	0.15~0.3	0.1~0.20	0.12~0.25	0.05~0.15	0.15~0.30	0.1~0.20
	240~280	0.1~0.3	0.1~0.15	0.1~0.2	0.02~0.08	0.1~0.20	0.07~0.12
含C<0.3%合金钢	125~170	0.15~0.5	0.12~0.3	0.12~0.2	0.05~0.2	0.15~0.3	0.12~0.20
	170~250	0.15~0.4	0.12~0.25	0.1~0.2	0.05~0.1	0.15~0.25	0.07~0.15
	220~280	0.10~0.3	0.08~0.20	0.07~0.12	0.03~0.08	0.12~0.20	0.07~0.12
	280~320	0.03~0.2	0.05~0.15	0.05~0.1	0.025~0.05	0.07~0.12	0.05~0.10
含C>0.3%合金钢	170~220	0.125~0.4	0.12~0.30	0.12~0.2	0.12~0.2	0.15~0.25	0.07~0.15
	220~280	0.10~0.3	0.08~0.20	0.07~0.15	0.07~0.15	0.12~0.2	0.07~0.12
	280~320	0.08~0.2	0.05~0.15	0.05~0.12	0.05~0.12	0.07~0.12	0.05~0.10
	320~380	0.06~0.15	0.05~0.12	0.05~0.10	0.05~0.10	0.05~0.10	0.05~0.10
工具钢	退火状态	0.15~0.5	0.12~0.3	0.07~0.15	0.05~0.1	0.12~0.2	0.07~0.15
	36HRC	0.12~0.25	0.08~0.15	0.05~0.10	0.03~0.08	0.07~0.12	0.05~0.10
	46HRC	0.10~0.20	0.06~0.12	—	—	—	—
	56HRC	0.07~0.10	0.05~0.10	—	—	—	—
镁合金铝	95~100	0.15~0.38	0.125~0.3	0.15~0.20	0.05~0.15	0.2~0.3	0.07~0.2

三、铣削速度 v 的选择

在铣削层深度 a_p、铣削层宽度 a_c 和每齿进给量 f_z 确定后,可在保证合理的刀具耐用度的前提下确定铣削速度 v。

粗铣时,确定铣削速度必须考虑到铣床功率的限制。精铣时,一方面应考虑提高工件的表面质量,另一方面要从提高铣刀耐用度的角度来考虑。具体数值可参见表 5.3。

应当指出,选择铣削用量是比较复杂的,从不同角度考虑,选择的铣削用量有时就会有很大差距,这就要求我们必须在实际工作中经常调查研究,不断积累经验。

表5.3　铣削速度的推荐表　　　　　　　　　　　　　　　　　m/min

工件材料	硬度/HB	铣削速度 v	
		硬质合金	高速钢
中碳钢	< 220	60 ~ 150	21 ~ 40
	225 ~ 290	54 ~ 115	15 ~ 36
	300 ~ 425	36 ~ 75	9 ~ 15
高碳钢	< 220	60 ~ 130	18 ~ 36
	225 ~ 325	53 ~ 105	14 ~ 21
	325 ~ 375	36 ~ 48	8 ~ 12
	375 ~ 425	35 ~ 45	6 ~ 10
合金钢	< 220	55 ~ 120	15 ~ 35
	225 ~ 325	37 ~ 80	10 ~ 24
	325 ~ 425	30 ~ 60	5 ~ 9
工具钢	200 ~ 250	45 ~ 83	12 ~ 23
灰铸铁	100 ~ 140	110 ~ 115	24 ~ 36
	150 ~ 225	60 ~ 110	15 ~ 21
	230 ~ 290	45 ~ 90	9 ~ 18
	300 ~ 320	21 ~ 30	5 ~ 10
可锻铸铁	110 ~ 160	100 ~ 200	42 ~ 50
	160 ~ 200	83 ~ 120	24 ~ 36
	200 ~ 240	72 ~ 110	15 ~ 24
	240 ~ 280	40 ~ 60	9 ~ 21
镁铝合金	95 ~ 100	360 ~ 600	180 ~ 300

想一想

（1）铣削用量选择的次序是_____。

　　A. f_z,α_e 或 α_p,v　　　　　B. α_e 或 α_p,f_z,v　　　　　C. v,f_z,α_e 或 α_p

（2）粗铣时,限制进给量提高的主要因素是_____。

　　A. 铣削力　　　　　　　　B. 表面粗糙度　　　　　　　　C. 尺寸精度

（3）精铣时,限制进给量提高的主要因素是_____。

　　A. 铣削力　　　　　　　　B. 表面粗糙度　　　　　　　　C. 尺寸精度

（4）铣削45钢时,高速钢铣刀通常选用铣削速度是_____ m/min。

　　A. 5 ~ 10　　　　　　　　B. 20 ~ 45　　　　　　　　C. 60 ~ 80

（5）在X6132型铣床上选用直径为100 mm,齿数为16的铣刀,转速采用75 r/min,进给量采用0.10 mm/z。若机床进给速度调整为23.5 mm/min是否合理? 如果不合理,那么应调整为多少?

（6）在X5032型铣床上用直径为4 mm的铣刀,若需以20 m/min的铣削速度铣削。试问铣床主轴转速是否能达到要求? （提示:X5032型铣床主轴转速最大值是1 500 r/min）

任务三　切削液

在铣削过程中,变形与摩擦所消耗的功率绝大部分转变为热能,致使刀尖处的温度升得很高。高温会使刀刃很快磨钝和损坏,使加工出来的工件质量降低。为了降低切削温度减小摩擦和磨损。目前常采用的方法是切削时冲注切削液,对切削区域进行充分的冷却和润滑。

一、切削液的作用

1.冷却作用

切削液能吸收和带走热量。在铣削过程中会产生大量的热量,充分浇注切削液,能带走大量热量和降低温度,有利于提高生产率和产品质量。

2.润滑作用

切削液可以减小切削过程中的摩擦,减小切削阻力,显著提高工件表面质量和刀具耐用度。

3.防锈作用

切削液能使机床、工件、刀具不受周围介质的腐蚀。

4.冲洗作用

在浇注切削液时,能把铣刀齿槽中和工件上的切屑冲去,使铣刀不因切屑阻塞而影响铣削。

二、切削液的种类

1.乳化液

乳化液是乳化油用水稀释而成。乳化液起冷却作用,冷却刀具和工件,减少热变形,提高刀具的使用寿命。乳化液的润滑和防锈能力较低。主要用于钢、铸铁和有色金属的切削加工。

2.切削油

切削油的主要成分是矿物油(柴油和机油等),少数采用动物油和植物油。切削油主要起润滑作用。

纯矿物油的润滑效果较差,实践使用时,常常加入一些添加剂,以提高其润滑防锈性能。

动物油和植物油的润滑效果较好,但易变质,应少用。

三、切削液的选用

应根据工件材料、刀具材料和加工工艺等条件来选用切削液。

1.粗加工

选用冷却为主的乳化液。因粗加工时切削量大,产生的热量多,温度高,而对表面质量的要求并不高,所以应采用冷却为主的切削液。

2.精加工

选用润滑作用较好的切削油。因精加工时切削量小,产生的热量也少,对工件表面质量要求高并希望铣刀的耐用度高,所以应选用以润滑为主的切削液,且根据刀具材料选用。目的是减小刀具磨损,提高加工精度,减小表面粗糙度。

3.高速钢铣刀铣削合金钢

选用极压乳化液;硬质合金铣刀高速切削时,一般不选切削液,必要时可用乳化液,并在开始切削之前就连续充分地浇注,以免刀片因骤冷而碎裂。

4. 铣削铸铁、黄铜等脆性材料

一般不选切削液,必要时可用煤油、乳化液和压缩空气。

注意:铣削加工铸铁时,由于铸铁中的石墨具有良好的润滑性能,一般不使用切削液,以免碎屑颗粒研坏机床导轨和其他运动部分。

四、使用切削液应注意以下几点

(1)冲注足够的切削液。

(2)铣削一开始就立即加切削液。

(3)切削液应冲注在切削时热量最大、温度最高的部位。

(4)应注意切削液的质量。

想一想

(1)采用切削液能将已产生的切削热从切削区域迅速带走,这主要是切削液具有_____。

　　A.润滑作用　　　　　　　　B.冷却作用　　　　　　C.防锈作用

(2)具有良好冷却性能但防锈性能较差的切削液是_____。

　　A.水溶液　　　　　　　　　B.切削油　　　　　　　C.乳化液

(3)粗加工时,应选择以_____为主的切削液。

　　A.润滑　　　　　　　　　　B.防锈　　　　　　　　C.冷却

(4)精加工时,应选择以_____为主的切削液。

　　A.润滑　　　　　　　　　　B.防锈　　　　　　　　C.冷却

(5)切削液的作用是什么?

(6)常用的切削液有哪几种,各有什么主要特点?

(7)怎样选用切削液,使用时应注意哪几点?

项目六　平面、连接面的铣削

项目内容

(1)铣平面；
(2)铣垂直面和平行面；
(3)铣削六面体；
(4)铣斜面。

项目目的

(1)掌握平面铣削方法；
(2)掌握平面质量检测方法；
(3)掌握用端铣刀铣垂直面和平行面；
(4)掌握垂直面和平行面的检测方法；
(5)掌握斜面及其图样上的表示方法；
(6)掌握斜面的铣削方法和斜面的测量。

项目实施过程

任务一　铣平面

一、平面

铣床工作台的台面、机床的导轨面、台虎钳的底面和平行垫铁等的表面都是平面。平面是构成机器零件的基本表面之一。铣平面是铣工基本的工作内容，也是进一步掌握铣削其他各种复杂表面的基础。

平面质量的好坏，主要从以下几个方面来衡量，即平面的平整程度、与其他表面之间的位置精度以及铣削加工后平面的表面质量，平整度和位置精度可用直线度、平面度、平行度、垂直度、倾斜度等进行衡量，而表面质量主要用表面粗糙度来衡量。

二、平面的铣削方法

在铣床上铣削平面的方法有两种，即圆周铣削法和端面铣削法。

1. 圆周铣削

圆周铣削是用铣刀周边齿刃进行的铣削。铣平面时，是利用分布在铣刀圆柱面上的刀刃来铣削并形成平面的。圆周铣削使用圆柱形铣刀在卧式铣床上进行，铣出的平面与铣床工作台台面平行，如图6.1(a)所示。假设有一个圆柱作旋转运动，当工件在圆柱下作直线运动通过后,工作表面就被碾成一个平面,如图6.1(b)所示。用圆周铣削的方法铣出的平面,其平面度的好坏主要决定于铣刀的圆柱度,此法对圆柱铣刀要求较高,生产效率较低,现已不常使用。

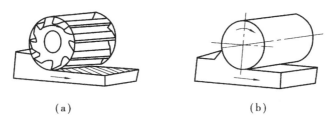

(a)   (b)

图6.1 圆周铣削

2. 端面铣削

端面铣削是利用分布在铣刀端面上的刀刃来铣削并形成平面的。端铣使用端铣刀在立式铣床上进行,铣出的平面与铣床工作台台面平行,如图6.2所示。端铣也可以在卧式铣床上进行,铣出的平面与铣床工作台台面垂直,如图6.3所示。

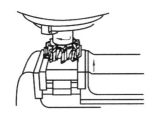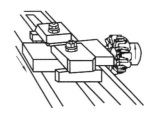

图6.2 在立式铣床上进行端铣   图6.3 在卧式铣床上进行端铣

用端铣刀方法铣出的平面,会有一条条刀纹,刀纹的粗细(影响表面粗糙度值的大小)与工件进给速度的快慢和铣刀转速的高低等诸因素有关。

用端铣方法铣出的平面,其平面度大小主要决定于铣床主轴轴线与进给方向的垂直度。若主轴轴线与进给方向垂直,铣刀刀尖会在工件表面铣出呈网状的刀纹,如图6.4所示。若主轴轴线与进给方向不垂直,铣刀刀尖会在工件表面铣出单向的弧形刀纹,工件表面被铣出一个凹面,如图6.5所示。如果铣削时进给方向是从刀尖高的一端移向刀尖低的一端,还会产生"拖刀"现象;反之,则可避免"拖刀"。因此,用端铣方法铣削平面时,应进行铣床主轴轴线与进给方向垂直度的校正。

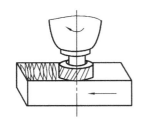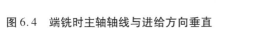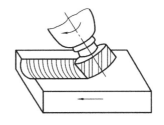

图6.4 端铣时主轴轴线与进给方向垂直   图6.5 端铣时主轴轴线与进给方向不垂直

3. 铣床主轴与工作台进给方向垂直度的校正

(1)立铣床主轴轴线与工作台面垂直度的校正(立铣头"零"位的校正)。立铣头的零位,一般由定位销来保证。若因定位销磨损等原因而需要调整时,可用百分表进行校正。将角形表杆固定在立铣头主轴上,安装百分表,使百分表测量杆与工作台台面垂直。测量时,使测量触头与工作台台面接触,测量杆压缩0.3~0.5 mm,记下表的读数,然后扳转立铣头主轴180°,应记下读数,其差值在300 mm 长度上应不大于0.02 mm,如图6.6所示。检测时,应断开主轴电源开关,主轴转速挂在高速挡位上。

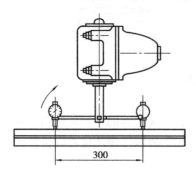 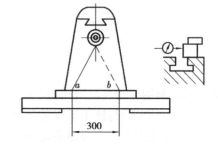

图6.6 立铣头"零"位的校正　　　　图6.7 卧式铣床工作台"零"位的校正

(2)卧式铣床主轴轴线与工作台进给方向垂直度的校正(工作台"零"位的校正)

1)利用回转盘刻度校正。校正时,只需使回转盘的"零"刻线对准鞍座上的基准线,铣床主轴轴线与工作台纵向进给方向即保持垂直。这种校正方法操作简单,但精度不高,只适用于一般要求工件的加工。

2)用百分表进行校正。步骤如下:

①将长度为500 mm 的检验平行垫铁的侧检验面校正到与工作台纵向进给方向平行后紧固,如图6.7所示。

②将百分表角形表杆装在铣床主轴上。

③将主轴转速挡位挂在高速挡上。扳转主轴,在平行垫铁侧检验面的一端压表0.3~0.5 mm后,将百分表调"零"。再扳转主轴180°,使表转到平行垫铁侧另一端打表,在300 mm长度上的读数差值应不大于0.02 mm。如超过0.02 mm,可用木锤轻轻敲击工作台端部,调整至达到要求为止,然后紧固回转台。

4.圆周铣削与端面铣削的比较

(1)端铣刀的刀杆短,刚度好,且同时参与切削的刀齿数较多,因此,振动小,铣削平稳,效率高。

(2)端铣刀的直径可以做得很大,能一次铣出较宽的平面而不需要接刀。圆周铣削时,工件加工表面的宽度受圆柱形铣刀宽度的限制不能太宽。

(3)端铣刀的刀片装夹方便,刚度好,适宜进行高速铣削和强力铣削,可提高生产率和减小表面粗糙度值。

(4)端铣刀的刃磨不如圆柱形铣刀要求严格,刀刃和刀尖在径向和轴向的参差不齐,对加工平面的平面度没有影响,而圆柱形铣刀若圆柱度不好,则直接影响加工平面的平面度。

(5)在相同的铣削层宽度、铣削层深度和每齿进给量的条件下,端铣刀不采用修光刃和减小副偏角等措施情况进行铣削时,用圆周铣削加工的表面比用端铣刀加工的表面粗糙度值小。

由于端面铣削平面具有较多优点,在铣床上用圆柱形铣刀铣平面在许多场合已被用端铣刀铣平面所取代。

三、顺铣与逆铣

1. 铣削方式

铣削有顺铣与逆铣两种铣削方式。

（1）顺铣。铣削时,铣刀对工件的作用力在进给方向上的分力与工件进给方向相同的铣削方式。

（2）逆铣。铣削时,铣刀对工件的作用力在进给方向上的分布与工件进给方向相反的铣削方式。

2. 圆周铣削时的顺铣与逆铣

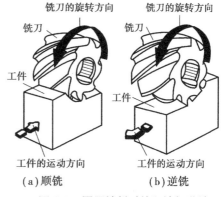

图 6.8　圆周铣削时的顺铣与逆铣

圆周铣削时的顺铣与逆铣,如图 6.8 所示。圆周铣削时的顺铣与逆铣的优缺点,见表 6.1。

表 6.1　圆周铣削时顺铣与逆铣的优缺点比较

项　目	顺　铣	逆　铣
工件受的垂直力	向下,将工件压紧	向上,有把工件从夹具内挑出倾向,工件易松动
工件受的水平力	促使工作台加速进给,节省动力,但丝杆间隙大,易产生窜动	有防止工作台进给的倾向,消耗动力大,但无窜动现象
铣刀受的径向力	向上,始终指向刀轴线,铣刀产生的振动小,表面粗糙度值小	铣刀刀齿切入时,指向刀轴线;刀齿切出时,背向刀轴线,铣刀产生较大的周期性振动,表面粗糙度值大
切屑的薄厚	切屑由厚到薄,铣刀切入工件时无滑移现象,铣刀不易磨损,使用寿命长	切屑由薄到厚,铣刀切入工件时有滑移现象,铣刀易磨损,使用寿命短

尽管顺铣的优点比逆铣多,但周铣时,一般采用逆铣。其原因:采用顺铣时,必须调整工作台丝杆与螺母之间的轴向间隙达到 0.01 ~ 0.04 mm,对于常用的普通设备,一般比较陈旧,调整比较困难,因此,若采用顺铣,当铣削余量较大,铣削力在进给方向的分力大于工作台和导轨面之间的摩擦力时,工作台就会产生窜动,造成每齿进给量突然增加而损坏铣刀。同时也影响着加工表面质量,使粗糙度增大。而采用逆铣时,因作用在工件上的力在进给方向上的分力与进给方向相反,工作台不会产生拉动,因此通常采用逆铣而不采用顺铣。

只有当加工不易夹紧,或长而薄的工件时,宜采用顺铣;有时,为改善铣削质量而采用顺铣时,但必须调整工作台丝杆与螺母之间的轴向间隙,使其控制在 0.01 ~ 0.04 mm。

3. 端铣时的顺铣与逆铣

根据铣刀和工件的相对位置,端铣的铣削方式分为对称铣削和不对称铣削。如图 6.9 所示。端铣也存在顺铣与逆铣。

（1）对称铣削。铣削层宽度在铣刀轴线两边各一半,刀齿切入与切出的切削厚度相等,叫对称铣削。如图6.9(a)所示。铣刀的进刀部分（左半部分），是顺铣；铣刀的出刀部分（右半部分），是逆铣。

对称铣削方式，会使工作台横向产生窜动，所以，铣削前必须紧固横向工作台。

对称铣削方式主要用在加工短而宽，或较厚的工件。

（2）不对称铣削。铣削层宽度在铣刀轴线的一边，刀齿切入与切出的切削厚度不相等，叫不对称铣削。不对称铣削分为不对称逆铣和不对称顺铣两种方式。分别如图6.9(b)、(c)所示，不对称顺铣，有可能造成工作台窜动，一般不采用；不对称逆铣，可延长刀具的寿命，端铣一般采用此方式。

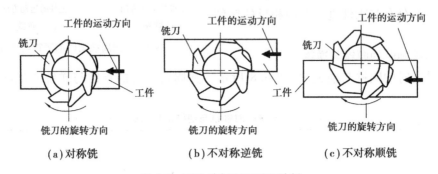

| (a)对称铣 | (b)不对称逆铣 | (c)不对称顺铣 |

图6.9 对称铣削和不对称铣削

四、平面质量的检测

1. 平面度

在铣好平面后，一般都用刀口形直尺来检验其平面度，如图6.10所示。对平面度要求高的平面，则可用标准平板来检验。标准平板的平面度是较高的，检验时在标准平板的平面上涂红丹粉或龙胆紫溶液，再将工件上的平面放在标准平板上进行对研，对研几次后把工件取下，观察平面的着色情况，若着色均匀而细密，则表示平面的平面度较好。

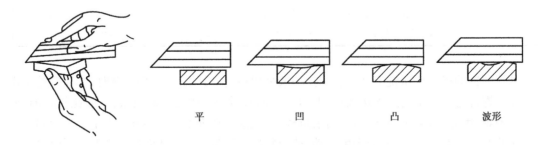

平　凹　凸　波形

图6.10 用刀口形直尺来检验平面

2. 表面粗糙度

表面粗糙度一般都采用粗糙度比较样块来比较检验。由于加工方法不同，切出的刀纹痕迹也不同，所以样块按不同的加工方法来分组，如用圆柱形铣刀铣削的一组样块中，可选用 $R_a 20 \sim 0.63\ \mu m$ 的5块。若工件的表面粗糙度为 $R_a 3.2\ \mu m$，而加工出的平面表面与 $R_a 2.5 \sim 5\ \mu m$ 的一块很接近，则说明此平面的表面度已符合图样要求。

五、平面铣削技能训练

1. 练习件准备

零件如图6.11所示,材料为45钢,锻造毛坯尺寸是:长95 mm,宽50 mm,厚70 mm。经退火或正火处理。用端铣加工工件的底面。

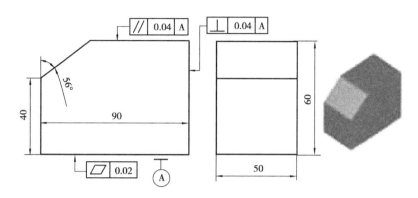

图6.11　平面铣削零件图

2. 加工方法和步骤

(1)读零件图,检查毛坯尺寸。底面是右面和上面的基准面,底面的平面度是 0.02 mm,右面对底面的垂直度是 0.04 mm,上面对底面的平行度是 0.04 mm。

(2)安装平口钳,校正固定钳口与铣床纵向工作台进给方向平行。

(3)选择并安装铣刀,端铣刀直径应按铣削层宽来选择,一般铣刀直径为铣削层宽度的 1.2～1.5 倍。因此选用铣刀直径 $D = 70$ mm,齿数为4,刀片材料为YT15的端铣刀。

(4)选择并调整切削用量。取主轴转速 $n = 235$ r/min,进给速度$f = 47.5$ mm/min 或 $f = 60$ mm/min。可粗铣和精铣各一刀,铣削总深度约5 mm(给上表面留5 mm的铣削余量)。

(5)装夹并校正工件(应垫铜皮)。

(6)对刀调整切削层深度,自动进给铣削工件。

(7)铣削完毕后,停车、降落工作台并退出工件。

(8)测量并卸下工件。

3. 操作中的注意事项

(1)用平口钳装夹工件完毕,应取下平口钳扳手才能进行铣削。

(2)控制尺寸时,若手柄摇过头,应注意削除丝杆与螺母间的间隙。

(3)铣削不准用手摸工件和铣刀,不准测量工件,不准变换进给速度。

(4)铣削中不准停止铣刀旋转和工作台自动进给,以免损坏刀具、啃伤工件。若因故必须停机时,应先停止工作台自动进给,降落工作台,使工件与铣刀脱离,再停止铣刀旋转。

(5)进给结束后,工件不能立即在旋转的铣刀下退回,应先下降工作台后再退出。

(6)铣削时,不使用的进给机构应紧固,工作完毕再松开。

六、平面铣削的质量分析

平面的铣削质量不仅与铣削时所用的铣床、夹具和铣刀的质量有关,还与铣削用量和切削液的合理选用等诸多因素有关。

1.影响平面度的因素

（1）用圆周铣铣削平面时,圆柱形铣刀的圆柱度存在误差。

（2）用端铣铣削平面时,铣床主轴轴线与进给方向不垂直。

（3）工件受夹紧力和铣削力的作用产生变形。

（4）工件自身存在内应力,在表面层材料被切除后产生变形。

（5）铣床工作台进给运动的直线性误差。

（6）铣床主轴轴承的轴向和径向间隙过大。

（7）铣削中,由铣削热引起工件的热变形。

（8）铣削时,由于圆柱形铣刀的宽度或端铣刀的直径小于被加工面的宽度而接刀,产生接刀痕。

2.影响表面粗糙度的因素

（1）铣刀磨损,刃口变钝。

（2）铣削时进给量太大。

（3）铣削时切削层深度太大。

（4）铣刀的几何参数选择不当。

（5）铣削时切削液选择不当。

（6）铣削时有振动。

（7）铣削时有积屑瘤产生,或因进给传动系统间隙过大,而造成工作台产生"窜动"现象。

（8）铣削时有扎刀现象。

（9）铣削过程中因进给停顿,铣削力突然减小,而使铣刀突然下沉进而在工件加工面上切出凹坑（称为"深啃"）。

想一想

（1）采用周铣法铣削平面,平面度的好坏主要取决于铣刀的_____。

    A.刀尖锋利程度　　　　　　　B.圆柱度　　　　　　　C.转速

（2）采用端铣法铣削平面,平面度的好坏主要取决于铣刀的_____。

    A.刀尖锋利程度　　B.圆柱度　　C.轴线与工作台面（或进给方向）垂直度

（3）在立式铣床上用端铣法加工短而宽的工件时,通常采用_____。

    A.对称端铣　　　　　　　　B.逆铣　　　　　　　　C.顺铣

（4）什么叫顺铣和逆铣？目前采用哪种铣削方式较多,为什么？

（5）什么叫对称铣削和不对称铣削？

（6）用端铣刀铣削平面与用圆柱铣刀铣削平面相比,有何优点？

任务二　铣垂直面和平行面

连接面是指相互直接或间接交接,且不在同一平面上的表面,这些表面可以相互垂直、平行或成任意角度倾斜。连接面（垂直面、平行面和斜面）是相对于某一个已经确定的平面而言的,这个已确定的平面称为基准面。加工连接面时,应先加工基准面。基准面的加工即单一平面的加工。（图6.11 加工的底面是右面和上面的基准面）

本任务学习垂直面和平行面的铣削。斜面铣削将在任务四中介绍。

一、用端铣刀铣垂直面和平行面

1. 垂直面的铣削

所谓铣垂直面，就是要求铣出的平面与基准面垂直。用端铣刀在卧式铣床上铣出的平面和用端铣刀在立式铣床上铣出的平面，都与工作台面垂直或平行。所以，在这种条件铣垂直面，只要把基准面安装得与工作台台面平行或垂直就可以了。这是铣垂直面的主要问题，至于加工方法，则与铣平面完全相同。最常用的装夹方法有以下两种：

（1）用端铣刀在卧式铣床上铣垂直面。其方法如下：

1）在卧式铣床上用平口钳装夹进行铣削。用平口钳装夹铣垂直面，如图 6.12 所示，这种方法适宜加工较小的工件。

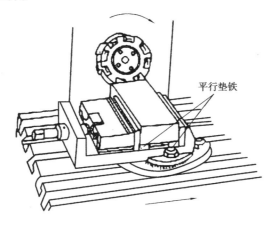

图 6.12　用平口钳装夹铣垂直面

2）工件直接装夹在卧式铣床工作台面上进行铣削，如图 6.13 所示。

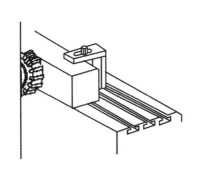 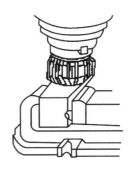

图 6.13　工件直接装夹在工作台面上铣垂直面　　图 6.14　用端铣刀在立式铣床上铣垂直面

（2）用端铣刀在立式铣床上铣垂直面。基准面靠固定钳口，活动钳口与工件之间夹一圆棒，以保证基准面与固定钳口完全贴合。用端铣刀铣削上表面，则铣出的平面与基准面垂直，如图 6.14 所示。

（3）在卧式铣床上以角铁装夹铣削垂直面。对于基准面比较宽，而加工面比较窄的工件，铣削垂直面时可用角铁装夹。在任务三铣削六面体中有应用（如图 6.23 所示），角铁的两个平面是相互垂直的，只要角铁的底面与工作台贴合好，工件的基准面与角铁的侧面贴合好，并装夹牢固,则铣削出的工件顶面就与基准面垂直了。

（4）影响垂直度的主要因素。铣削时,影响垂直度的主要因素有下列几个方面:

1）固定钳口面与工作台面不垂直。固定钳口面与工作台面不垂直的主要原因是:平口钳使用过程中钳口的磨损,或平口钳底座有毛刺或切屑。

在铣削垂直度要求较高的垂直面时,需要进行调整,方法如下:

①在固定钳口处垫铜皮或纸片。在工件基准面与固定钳口之间垫上长条形的纸片或铜皮,如图 6.15 所示。若原来工件上铣出的平面与基准面的交角大于90°,纸条或铜皮就应垫在下面;若两个面的交角小于90°,则应垫在上面。垫物厚度是否准确,可通过试切、测量后再决定增添或减少。这种方法操作麻烦,且不易垫准确,所以只是单件生产时的一种临时措施。

②修磨固定钳口铁。校正时,用一块表面磨得很平整、光滑的平行垫铁,将其光洁平整的一面紧贴固定钳口,在活动钳口处放置一圆棒,将平行垫铁夹牢,再用百分表校验贴牢固定钳口的一面,使工作台作垂直运动,在上下移动200 mm 长度上,百分表读数的变动应在0.03 mm以内为合适,如图 6.16 所示。如果读数变动量超出0.03 mm,可把固定钳口铁卸下,根据差值方向进行修磨到符合要求。此外,安装平口钳时,必须去除平口钳底座的毛刺并将平口钳底面及工作台面擦净。

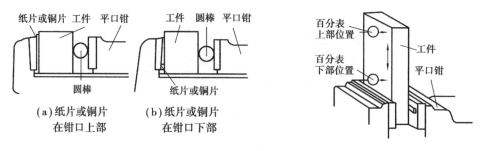

图 6.15　在固定钳口处垫纸片或铜皮　　图 6.16　校正固定钳口面与工作台面的垂直度

2）基准面没有与固定钳口贴合。基准面没有与固定钳口贴合的主要原因是:工件基准面与固定钳口之间有切屑,或由于工件的两对面不平行造成夹紧时基准面与固定钳口不是面接触而呈线接触。其措施是:装夹时可在活动钳口处夹一圆棒,如图 6.17 所示,并应将钳口与基准面擦拭干净。

3）基准面的平面度误差大,影响工件装夹时的位置精度。

4）夹紧力太大,使固定钳口向外倾斜。夹紧力太大会使平口钳变形,造成固定钳口面因外倾而与工作台面不垂直,这是产生垂直度误差的重要因素。尤其是在精铣时夹紧力不能太大,禁止用接长手柄夹紧工件。

5）若立铣头的"零位"不准,用横向进给会铣出一个工作台台面倾斜的平面;用纵向进给作非对称铣削,则会铣出一个不对称的凹面。

2. 平行面铣削

平行面是指与基准面平行的平面。铣削平行面时,除平行度、平面度要求外,还有两平行面之间的尺寸精度要求。在卧式铣床上用端铣刀铣平行面,如图 6.18 所示。在立式铣床上用端铣刀铣平行面,如图 6.19 所示。

当工件较小时,可用平行垫铁定位,采用台虎钳装夹,如图 6.19（a）所示。当工件有阶台

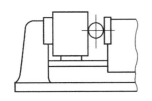 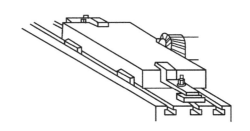

图 6.17 在活动钳口处夹一圆棒　　图 6.18 在卧式铣床上用端铣刀铣平行面

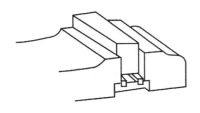 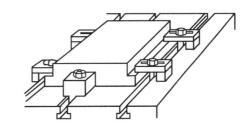

（a）平行垫铁为定位基准　　　　　（b）工作台表面为定位基准

图 6.19 在立式铣床上用端铣刀铣平行面

时,可直接用压板将工件装夹在立式铣床的工作台台面上,使基准面与工作台台面贴合,如图 6.19(b)所示。

(1)影响平行度超差的主要因素。铣削时,影响平行度超差的主要因素有下列几个方面:

①端铣时,铣床主轴与进给方向不垂直。

②铣削薄而长的工件时,工件产生变形。

③铣刀宽度(直径)不够时,表面有接刀痕。

④平行垫铁不平行,铣出的平面与基准面不垂直。

(2)影响平行面之间尺寸精度的因素。铣削时,影响平行面之间尺寸精度的因素有下列几个方面:

①调整铣削层深度时看错刻度盘,手柄摇过头,没有消除丝杆螺母副的间隙而直接退回,造成尺寸铣错。

②读错图样上标注的尺寸,测量时错误。

③工件或平行垫铁的平面未擦净,由于有杂物而使尺寸发生变化。

④精铣对刀时切痕太深,调整铣削层深度时没有去掉切痕,使尺寸铣小。

二、垂直面、平行面的检测方法

1. 检验垂直度

垂直度一般都用90°角尺检验,如图 6.20 所示,精度较高时,可按图 6.21 所示的方法检验。将圆柱棒垫在工件下面,使之与工件呈线接触,以保证基准面与角铁贴合。测量时,百分表应按箭头所示方向移动,百分表上的读数差即垂直度误差。

2. 检验平行度和尺寸精度

如图 6.22 所示,将基准面贴合在平板上,用百分表来测量。加工好的工件,在对其尺寸精度和平行度同时检验时,可用千分尺或游标卡尺测量工件的四角及中部,检查所有的尺寸是否

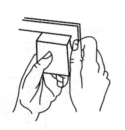

图6.20　用90°角尺检验垂直度

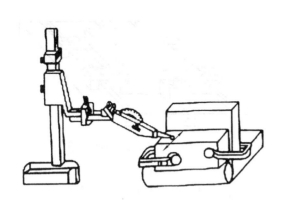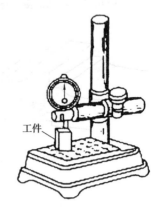

图6.21　用百分表检验垂直度　　　　图6.22　用百分表检验平行度

都在图样所规定的尺寸范围,并观察各部分尺寸的差值,这个差值就是平行度误差。

三、用端铣刀铣削垂直面、平行面技能训练

1.要求

根据前面介绍的铣垂直面和平行面的知识,铣削图6.11工件的右面和上面,选择已加工的底面为右面和上面的基准面,右面对底面的垂直度是0.04 mm,上面对底面的平行度是0.04 mm。

2.注意事项

(1)铣削过程中,每次重新装夹工件前,应及时用锉刀修整工件上的锐边并去除毛刺,但不应锉伤工件的加工表面。

(2)铣削时一般应先粗铣,然后再精铣,以提高工件表面的加工质量。

(3)用铜锤、木锤轻击工件时,不要砸伤工件已加工表面。

(4)铣削钢件时,应使用切削液。

想一想

(1)在立式铣床上用端铣法铣削垂直面时,用机床用平口虎钳装夹工件,应在＿＿＿＿＿＿与工件之间放置一根圆棒。

　　　　A.固定钳口　　　　　　B.活动钳口　　　　　　C.导轨面

(2)铣削矩形工件两侧垂直面时,选用机床用平口虎钳装夹工件,若铣出的平面与基准面之间的夹角小于90°,应在固定钳口＿＿＿＿＿＿＿垫入纸片或铜皮。

　　　　A.中部　　　　　　　　B.下部　　　　　　　　C.上部

(3)铣削平行面时,造成平行度误差超差的主要原因是什么?

任务三　铣削六面体

一、要求

铣削加工如图 6.23 所示的矩形工件。

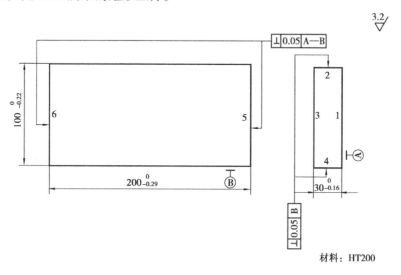

材料：HT200

图 6.23　矩形工件

二、六面体铣削加工准备

1. 识读图样

（1）矩形工件的尺寸精度为 $200_{-0.29}^{0}$ mm，$100_{-0.22}^{0}$ mm，$30_{-0.16}^{0}$ mm。

（2）相对面的平行度公差为 0.05 mm，相邻面的垂直度公差为 0.05 mm。

（3）预制件 210 mm×110 mm×40 mm 矩形工件。

（4）在加工中，基准面尽可能用作定位面，此工件要求平面 2,4 垂直于平面 1，平面 3 平行于平面 1，平面 5,6 垂直于平面 1,4，因此平面 1 为工件主要基准 A，平面 4 为工件侧面基准 B。

（5）工件各表面粗糙度值均为 R_a3.2 μm，精度较高，铣削加工能达到要求。

（6）工件材料为 HT200，切削性能较好。

（7）工件为平板状矩形工件，外形尺寸和基准平面较大，工件装夹与铣削方式受到一定限制。宜在立式铣床上用端面铣削法加工，可采用虎钳和角铁装夹工件。

2. 选择铣刀

根据图样的平面宽度尺寸选择可转位面铣刀规格，现选用外径为 125 mm 和 63 mm 的可转位面铣刀，分别铣削大平面和侧面、端面。根据工件材料，选用 K 类硬质合金 YG6 牌号，SPAN 型（方形）刀片。

3. 选择铣床

选用立式铣床加工。

4. 选择工件装夹方法

选择铣床用机用虎钳型号规格，现选用 Q12160 型平口虎钳，钳口宽度为 160 mm，钳口最大张开度为 125 mm,钳口高度为 50 mm。选择角铁定位面的尺寸 200 mm×150 mm。

5.预定铣削加工步骤

参见表6.2,此工件加工过程为:检验预制件→安装机用虎钳和角铁→装夹工件→安装可转位面铣刀→粗铣六面→精铣 100 mm×200 mm。基准平面 A→预检 A 平面度→精铣 $100_{-0.22}^{0}$ mm两垂直面→精铣 $30_{-0.16}^{0}$ mm 平行面→精铣 $200_{-0.29}^{0}$ mm 两端面→矩形工件铣削检验。

表6.2 六面体铣削的步骤和方法

步　骤	简　图	说　明
1	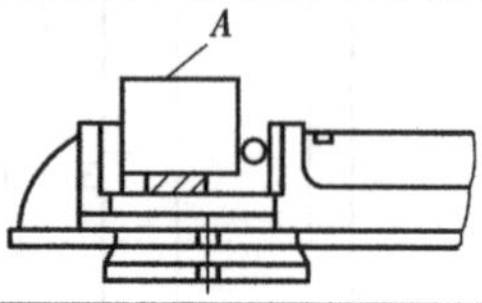	先加工基准面 A,因为基准面 A 是其他各面的定位基准,通常要求具有较小的表面粗糙度值和较好的平面度
2	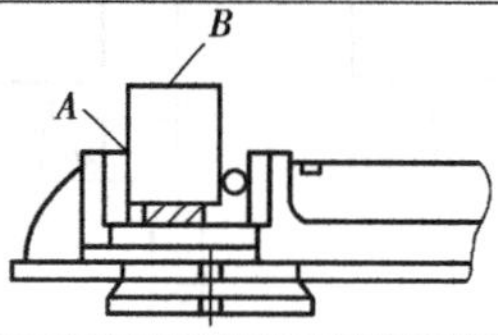	以 A 面为基准,铣削 B 面与 A 面垂直
3	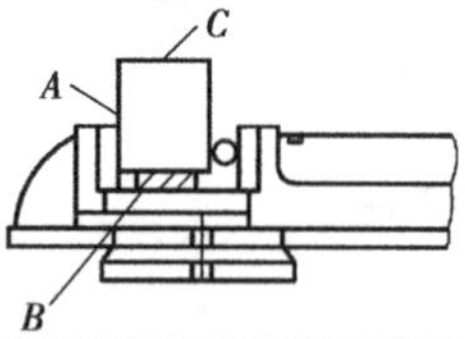	以 A 面和 B 面为基准,铣削 C 面,与 A 面垂直,与 B 面平行,并保证尺寸精度要求
4	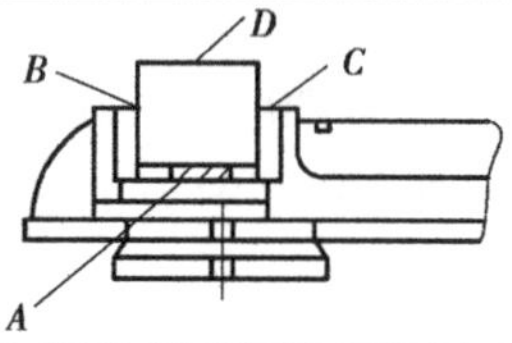	以 A,B 为基准,铣削 D 面与 A 面平行,并达到尺寸精度要求
5	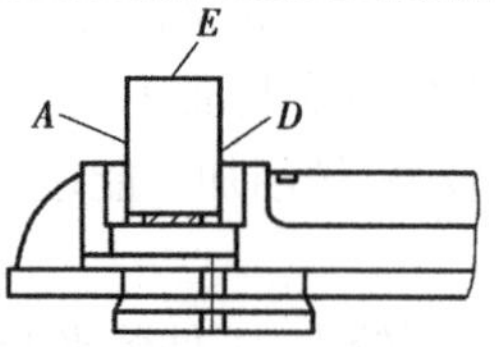	找正 A,B 面与工作台面垂直,A 面与定钳口贴合,B 面用90°角尺找正,铣削端面 E 与 A,B 面垂直
6	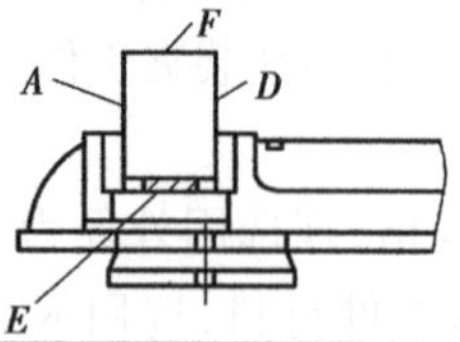	以 A,E 面为基准,铣削端面 F 与 E 面平行,并达到尺寸精度要求

三、六面体铣削加工操作步骤

1.预制件检验

(1)用金属直尺检验预制件的尺寸,并结合各表面的垂直度、平行度情况,检验坯件是否有加工余量,如此工件测得预制件基本尺寸为 211 mm×108 mm×39 mm。

（2）综合考虑平面的表面粗糙度、平面度以及相邻面的垂直度，在两个 211 mm × 108 mm 的平面中选择一个作为粗铣基准平面。

2. 安装机用虎钳和角铁

安装机用虎钳，应检查固定钳口定位面与工作台面的垂直度，如图 6.16 所示。在确认机用虎钳底面与工作台面之间紧密贴合的前提下，若测得固定钳口与工作台面不垂直，则应对钳口进行找正。紧固角铁的螺栓，应尽量拉开安装的位置，使角铁的底面与工作台面紧密贴合。角铁与虎钳之间具有合适的间距，以方便工件装卸操作和不影响铣削为宜。

3. 装夹工件

铣削平面 1,3 时，采用机用平口虎钳装夹工件，工件下面垫长度大于 200 mm，宽度小于 50 mm 的两等高平行垫铁，其高度使工件上平面高于钳口 5 mm。铣削平面 2,4,5,6 时，用角铁装夹工件。铣削 2,4 平面时，在工件下方衬垫高度大于 55 mm，长度大于 200 mm 的平行垫块以使工件加工面高于角铁的上平面，并用 C 形夹头夹紧工件，如图 6.24 所示。铣削 5,6 侧面时，用螺栓压板夹紧工件。

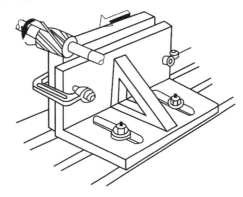

图 6.24 用角铁装夹工件

4. 安装可转位面铣刀

可转位面铣刀结构如图 6.25 所示，安装刀体的方法与安装刀杆的方法相同。铣刀刀片的定位夹紧方式很多，此工件是楔块在刀片前面的螺栓楔块夹紧结构，刀片安装的步骤如图 6.26 所示。

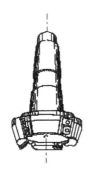

图 6.25 可转位面铣刀

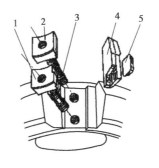

图 6.26 可转位面铣刀刀片的安装
1,2—楔块;3—螺钉;4—刀垫;5—刀片

（1）在刀体上装刀垫 4，使刀垫紧贴刀体槽侧面。

（2）装楔块 2，将螺钉 3 旋入螺孔内，用内六角扳手扳紧，使刀垫与刀体槽侧面压紧。

（3）装楔块 1，将螺钉 3 旋入螺孔内。

（4）将刀片 5 装入刀垫，使其与两定位面接触，然后用内六角扳手扳紧。

（5）安装铣刀和刀片后，应检查刀片的安装精度，检查时可用百分表测量各刀片最低点与试切平面的间隙来判断刀片的安装精度。此外，为达到平面度要求，注意检查铣头与工作台面的垂直度。

5. 选择铣削用量

按工件材料(HT200)和铣刀的规格选择、计算和调整铣削用量:

(1)粗铣取铣削速度 $v = 80$ m/min,每齿进给量 $f_z = 0.15$ mm/z,则铣床主轴转速为

$n_1 = 1\ 000\ v/\pi D = 1\ 000 \times 80/3.14 \times 125 \approx 203.82$ (r/min)

$n_2 = 1\ 000\ v/\pi D = 1\ 000 \times 80/3.14 \times 63 \approx 404.40$ (r/min)

进给速度为

$v_{f1} = f_z zn = 0.15 \times 6 \times 190 = 171$ (mm/min)

$v_{f2} = f_z zn = 0.15 \times 4 \times 375 = 225$ (mm/min)

实际调整铣床主轴转速 $n_1 = 190$ r/min, $n_2 = 190$ r/min。进给速度 $v_{f1} = 150$ mm/min, $v_{f2} = 190$ mm/min。

(2)精铣取铣削速度 $v = 90$ m/min,每齿进给量 $f_z = 0.05$ mm/z,则铣床主轴转速为

$n_1 = 1\ 000\ v/\pi D = 1\ 000 \times 90/3.14 \times 125 \approx 229.30$ (r/min)

$n_2 = 1\ 000 v/\pi D = 1\ 000 \times 90/3.14 \times 63 \approx 454.96$ (r/min)

进给速度为

$v_{f1} = f_z zn = 0.05 \times 6 \times 235 = 70.5$ (mm/min)

$v_{f2} = f_z zn = 0.05 \times 4 \times 475 = 95$ (mm/min)

实际调整铣床主轴转速 $n_1 = 235$ r/min, $n_2 = 475$ r/min。进给速度 $v_{f1} = 75$ mm/min, $v_{f2} = 95$ mm/min。

(3)粗铣时的铣削层深度为 2.5 mm,精铣时的为 0.5 mm。铣削层宽度 100~110 mm 和 30~40 mm。

6. 粗铣矩形工件

(1)用机用虎钳装夹工件粗铣平面 1。调整工作台,使铣刀处于工件上方,横向调整的位置使工件和铣刀处于对称铣削或不对称逆铣的位置。铣削余量 0.4 mm,平面度误差在 0.1 mm 以内。

(2)换装直径为 63 mm 铣刀,用角铁、C 形夹头装夹工件,粗铣平面 2,4,调整工作台,采用对称端铣,铣削时的横向分力应指角铁定位面。单面铣除余量 3.5 mm,与 1 面的垂直度误差在 0.05 mm。若铣出的垂直面误差较大,应用百分表复核角铁定位面与工作台面的垂直度,并用垫纸片的方法找正角铁定位面与工作台面垂直。

(3)用角铁、螺栓压板装夹工件,粗铣平面 5,6,铣削平面 5 时,应用直角尺找正平面 4 与工作台面垂直。铣削平面 6 时,将平面 5 紧贴工作台面,便可铣出与平面 1,4 垂直,与平面 5 平行的端面。

(4)换装直径 125 mm 的铣刀,以面 1,4 为基准,用机用虎钳装夹工件,粗铣平面 3。

7. 预检、精铣各面

(1)预检的内容主要是粗铣后各对应面的平行度,各相邻面的垂直度,以及尺寸余量。

(2)用游标卡尺或千分尺测量尺寸 100 mm,30 mm 和 200 mm 的实际余量,此工件测得粗铣后实际尺寸为 100.85~100.90 mm、30.75~30.85 mm 和 200.92~201.05 mm。

(3)在标准平板上用三个千斤顶将工件顶起,测量 100 mm × 200 mm 平面的平面度误差。

三个千斤顶的分布位置尽量拉开距离,并不在一直线上。测量时,用游标高度尺装夹百分表,调整千斤顶的高度,用百分表在千斤顶上方与被测平面接触,使三点的百分表示值相等,然后用百分表测量平面上其余的点,若测得的示值误差在 0.05 mm 以内,则表明被测平面的平面度误差在 0.05 mm 以内。

(4)测量侧面、端面与大平面的垂直度时,可将工件基准面与标准平板测量面贴合,然后将直角尺尺座与平板测量贴合,用尺身测量侧面与基准面的垂直度。侧面与端面的垂直度可直接用直角尺测量。测量中可借助塞尺判断垂直度误差值。

(5)检查可转位铣刀的刀尖质量、磨损情况,按精铣数据调整主轴转速和进给量。

(6)按粗铣步骤依次精铣平面 1,2,4,5,6,3。对应面第一面铣削层深度约为 0.3 mm,第二面铣削时以尺寸公差为依据,确定铣削余量。为避免换装刀具的麻烦,精铣时也可以先加工两个大平面,但应在预检中注意选择与大平面垂直度较好的侧面为基准,才能保证 1,3 平面的尺寸精度和平行度要求。然后按 2,4,5,6 的顺序精铣。

8. 铣削平板状的矩形工件的注意事项

(1)基准大平面的铣削精度十分重要,因此,在加工中首先要使基准大平面达到平面度、平行度和尺寸精度要求,然后才能依次完成侧面和端面加工。

(2)此工件采用硬质合金可转位铣刀,铣削速度和进给量值都比较大,转速高,自动进给快,铣削时操作要细心,避免工件走动引起梗刀等操作事故。

(3)此工件的装夹和铣刀的换装比较复杂,操作中应按照要求合理使用压板、C 字夹头等,使工件达到定位夹紧的精度要求。

四、六面体质量检验与常见质量问题及其原因

1. 工件检验步骤

(1)用千分尺测量平行面之间的尺寸应在 199.71 ~ 200.00 mm、29.84 ~ 30.00 mm 和 99.78 ~ 100.00 mm 的范围内,但因平行度公差为 0.05 mm,因此用千分尺测得的尺寸最大偏差应在 0.05 mm 以内。

(2)用刀口形直尺测量侧面与端面平面度时,各个方向的直线度均应在 0.05 mm 范围内。用千斤顶百分表测量平面度时,除三点测量基准外,百分表示值的误差应在 0.05 mm 以内。

(3)用直角尺测量相邻面垂直度时,应以 0.05 mm 厚度的塞尺不能塞入缝隙为合格。

(4)通过目测类比法检验表面粗糙度。此工件平面由可转位面铣刀高速铣削完成,表面粗糙度值应在 $R_a3.2$ μm 以内。

2. 常见质量问题及其原因

(1)平面度超差的主要原因是立铣头与工作台面不垂直。

(2)平行度较差与尺寸超差的原因与平行面分析类似。

(3)垂直度较差的原因与垂直面铣削质量分析类似,此工件采用角铁装夹,可能因装夹用角铁精度差;高速铣削中弹性偏让等因素造成垂直度误差。

(4)表面粗糙度超差的原因可能有铣削位置调整不当采用了不对称顺铣;铣刀刀片型号选择不对;铣刀刀片安装精度差;铣床进给有爬行;铣床主轴轴向间隙在高速运转中影响表面粗糙度;工件装夹不够稳固引起铣削振动等。

想一想

(1)在 X6132 型卧式万能升降台铣床上采用周铣加工如图 6.27 所示的长方体工件,试分析图 6.28 铣削加工步骤是否合理?

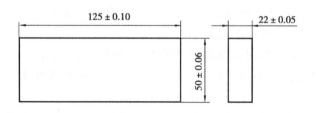

技术要求

1.各平面的平面度为0.05 mm。
2.各相邻面之间的垂直度为0.05 mm。
3.相对面之间的平行度为0.05 mm。

图 6.27　长方体工件

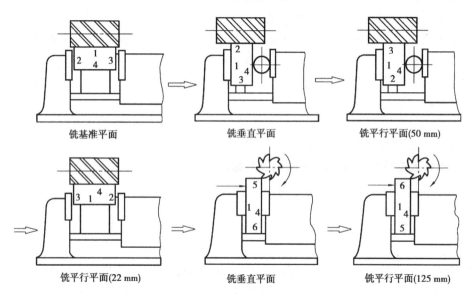

图 6.28　铣长方体的步骤

(2)用平口钳装夹工件铣削相邻表面时,为什么出现铣出的平面与基准面不垂直?

提示

铣削相邻表面时,铣出的平面与基准面不垂直的主要原因是铣削装夹时工件基准面与铣床工作台面不垂直。而造成这一原因的因素很多,包括:

1)平口钳或工件上有杂物,造成工件基准面与工作台面不垂直。

2)固定钳口因磨损等原因造成与工作台面不垂直,导致工件基准面与工作台面不垂直。

3)因夹紧力过大,会使固定钳口外倾,导致工件基准面与工作台面不垂直。

另外,当采用固定钳口与工作台纵向平行装夹进行铣削时,铣刀圆柱度误差(主要是锥度误差)大也会造成铣出的平面与基准面不垂直。

(3)粗铣后,若铣出的平面与基准面不垂直应如何补救?

提示

若铣出的平面仍与基准面不垂直,则可先采取临时性的措施加以补救,具体措施是:

1)可在固定钳口与工件基准面间垫长条形的纸片或铜片,若铣出的垂直面交角大于90°,则应垫在下面,若铣出的垂直面交角小于90°,则应垫在上面。

2)可在平口钳底面加垫长条形的纸片或铜片,若铣出的垂直面交角大于90°,则应垫在活动钳口一端,若铣出的垂直面交角小于90°,则应垫在固定钳口一端。

但要彻底解决平口钳固定钳口与工作台面不垂直的问题,就应卸下钳口上的护铁,重新进行修磨。

(4)在铣削相对表面时,有哪些因素会造成铣出的平面与相对的基准面不平行? 应当如何解决?

提示

造成铣出的平面与基准面不平行的因素和具体处理的方法如下:

1)所垫的两平行垫铁厚度不相等。为了确保厚度相等,两平行垫铁应在磨床上同时磨出。

2)工件上与固定钳口相对的平面与基准面不垂直,夹紧时(特别是在活动钳口处采取了夹圆棒的方法)使该平面与固定钳口紧密贴合,造成基准面与钳体导轨面不平行,所以在铣削平行面之前,一定要先保证两基准面之间的垂直度。

3)活动钳口与钳体导轨面存在间隙,在夹紧工件时活动钳口受力上翘,使活动钳口一侧的工件随之上抬。因此,在装夹工件时,预紧后需用铜棒或木锤轻轻敲击工件顶面,直到两平行垫铁(或两铜皮)的四端均没有松动现象时再夹紧工件。

4)圆柱形铣刀的圆柱度误差大(呈圆锥形)将影响铣削相对表面的平行度,所以要控制圆柱形铣刀的圆柱度。

5)平口钳钳体导轨面与铣床工作台台面不平行。产生这种现象的主要原因是平口钳底面与工作台台面之间有杂物,以及平口钳钳体导轨本身与底面不平行。因此,应注意清除毛刺和切屑,必要时需检查平口钳钳体导轨面与工作台台面间的平行度,并修磨导轨及底座。

任务四　铣斜面

一、斜面及其在图样上的表示方法

斜面是指工件上与基准面成任意倾斜角度的平面。斜面相对基准面倾斜的程度用斜度来衡量,在图样上有两种表示方法:

1. 用倾斜角度 β 的度数(°)表示

主要用于倾斜程度较大的斜面。如图6.29(a)所示,斜面与基准面之间的夹角 $\beta=30°$。

2. 用斜度 S 的比值表示

主要用于倾斜程度较小的斜面。如图6.29(b)所示,在50 mm长度上,斜面两端至基准面的距离相差1 mm,有"∠1∶50"表示。斜度符号"∠"或"⊿"的下横线与基准面平行,上斜线的倾斜方向与斜面倾斜方向一致,不能画反。

3. 两种表示方法的关系

两种表示方法的关系为:

$$S = \tan \beta$$

式中　S——斜度,用符号"∠"或"◿"的比值表示;

　　　β——斜面与基准面之间的夹角,(°)。

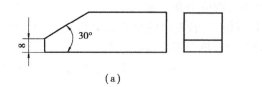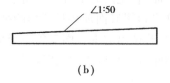

（a）　　　　　　　　　　　　　　　　　　　　（b）

图6.29　斜面的表示方法

二、斜面的铣削方法

铣削斜面,工件、机床、刀具之间必须满足两个条件:一是工件的斜面应平行于铣削时铣床工作台的进给方向。二是工件的斜面应与铣刀的切削位置相吻合,即用圆周刃铣刀铣削时,斜面与铣刀的外圆柱面相切;用端面刃铣刀铣削时,斜面与铣刀的端面相重合。

在铣床上铣斜面的方法有倾斜工件铣斜面、倾斜铣刀铣斜面和用角度铣刀铣斜面三种。

1. 倾斜工件铣斜面

倾斜工件,加工斜面的方法,实际上是,通过工件的装夹,使铣削加工的斜面与铣床工作台台面平行,从而变铣斜面为铣平面。因此,铣削斜面,只需将工件斜面装夹成与工作台台面平行即可。至于加工方法,除了工件的装夹有要求外,其他与铣平面基本相同。

常用的方法有以下几种:

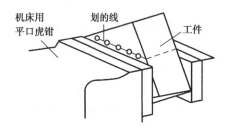

图6.30　按划线铣斜面

（1）用机床用平口虎钳装夹。适用于尺寸不大的工件,或小批量生产的工件,或单件的装夹。它有两种方式:倾斜工件,倾斜平口钳。

①倾斜工件。如图6.30所示。其装夹步骤如下。

第一步:划线,打样冲眼。按零件图纸的要求,在工件上划出斜面的轮廓线,并打样冲眼。

第二步:装夹机床用平口虎钳。将机床用平口虎钳放在工作台中间,固定钳口与横向工作台进给方向平行,压紧。

第三步:装工件。将工件装夹在平口钳上,所划线条略高于钳口,工件上的线条与工作台台面平行,用划线盘按所划线条找正,夹紧工件。

按铣平面的方法加工斜面即可。

②调整平口钳钳体角度,装夹工件。如图6.31所示。其装夹步骤如下。

第一步:划线,打样冲眼。按零件图纸的要求,在工件上划出斜面的轮廓线,并打样冲眼。

第二步:装夹机床用平口虎钳。将机床用平口虎钳放在工作台上,校正固定钳口与铣床主轴轴线垂直或平行,调整平口钳底座上的刻线,将钳身调到要铣的角度,压紧。

第三步:装工件。

按铣平面的方法加工斜面即可。

图6.31（a）是:先校正固定钳口与铣床主轴轴线平行,再调整钳体角度,用立铣刀或端铣

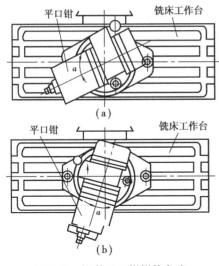

图 6.31 调整平口钳钳体角度，
装夹工件，铣斜面

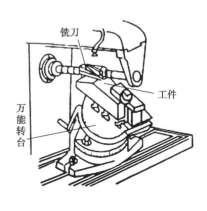

图 6.32 在万能转台上铣斜面

刀铣斜面。

图 6.31（b）是：先校正固定钳口与铣床主轴轴线垂直，再调整钳体角度，用立铣刀铣斜面。

（2）用万能转台装夹。利用万能转台能绕水平轴转动，旋转适当角度，以便铣削斜面。如图 6.32 所示。适用于尺寸较大的工件。

工作时，根据斜面与基准面的夹角以及装夹时工件基准面与加工平面的位置，来扳转转台的角度。

（3）用倾斜垫铁装夹。使用倾斜垫铁使工件基准面倾斜，用平口钳装夹工件，铣出斜面，如图 6.33 所示。

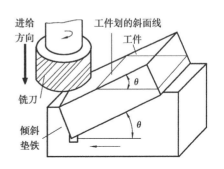

图 6.33 用倾斜垫铁装夹工件铣斜面

所用倾斜垫铁的角度应是工件斜面角度。垫铁的宽度应小于工件宽度。这种方法铣斜面，装夹、校正工件方便，倾斜垫铁制造容易，且铣削一批工件时，铣削深度不需要随工件更换而重新调整，适用于小批量生产。

用倾斜垫铁装夹如图 6.11 所示的零件时，倾斜垫铁的角度应是 34°（34° = 90° − 56°）。如此装夹后，斜面与工作台台面平行，就可按铣平面的方法加工斜面。

2. 倾斜铣刀，铣削斜面

在立铣头主轴可转动角度的立式铣床上，安装立铣刀或端铣刀，用平口钳或压板装夹工件，可以铣削要求的斜面。如图 6.34 所示。

用平口钳装夹工件时，常用的方法有以下两种：

（1）工件的基准面与工作台台面平行装夹工件。用立铣刀的圆周刃铣削斜面时，立铣头应扳转的角度 $\alpha = 90° - \theta$，如图 6.35 所示；用端铣刀或用立铣刀的端面刃铣削斜面时，立铣头应扳转的角度 $\alpha = \theta$，如图 6.36 所示。

（2）工件的基准面与工作台台面垂直装夹工件。用立铣刀的圆周刃铣削斜面时，立铣头

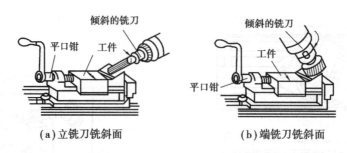

（a）立铣刀铣斜面　　　　　　　　　（b）端铣刀铣斜面

图 6.34　倾斜铣刀,铣削斜面

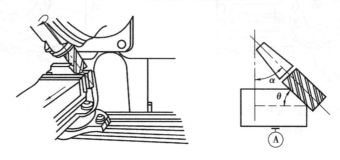

图 6.35　工件的基准面与工作台台面平行用圆周刃铣削斜面

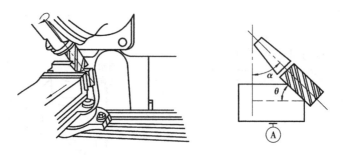

图 6.36　工件的基准面与工作台台面平行用端面刃铣削斜面

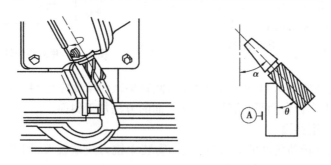

图 6.37　工件的基准面与工作台台面垂直用圆周刃铣削斜面

应扳转的角度 $\alpha = \theta$,如图 6.37 所示;用端铣刀或用立铣刀的端面刃铣削斜面时,立铣头应扳转的角度 $\alpha = 90° - \theta$,如图 6.38 所示。

3.用角度铣刀,铣削斜面

宽度较窄的斜面可用角度铣刀直接铣出,如图 6.39 所示。

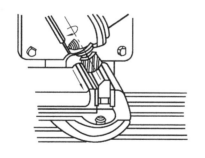
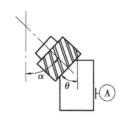

图6.38 工件的基准面与工作台台面垂直用端面刃铣削斜面

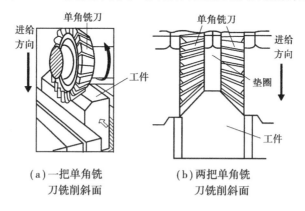

(a)一把单角铣
刀铣削斜面

(b)两把单角铣
刀铣削斜面

图6.39 用角度铣刀,铣削斜面

用角度铣刀铣削斜面时,斜面的倾斜角度是靠铣刀的角度来保证的。选择角度铣刀的角度时,应根据工件斜面的角度选择,所铣斜面的宽度应小于角度铣刀的刀刃宽度。

铣削对称的双斜面时,为了确保加工质量,提高劳动生产率,可将两把规格相同、刃口相反的单角铣刀组合起来,铣刀内侧面两刃间的距离调整到工件台阶凸台的宽度,同时铣削两个斜面。如图6.39(b)所示。

角度铣刀的特点是:它的主要切削刃分布在圆锥面上,但由于刀齿排列较密,铣削时排屑较困难,加之刀齿刃尖部分的强度较弱,所以容易磨损和折断。在使用角度铣刀铣削时,选择的进给量和进给速度都要适当减小。铣削碳素钢等工件时,必须加足够的切削液。

三、斜面的测量

1. 斜面的检验

斜面铣削后,除了要检验斜面的表面粗糙度和平面度外,还要检验斜面与基准面之间的夹角是否符合图样要求。检验方法主要有以下三种:

(1)用万能角度尺检验。当工件精度要求不很高时,可用万能角度尺来直接量得斜面之间的基准面之间的夹角。

(2)用正弦规检验。当工件精度要求很高时,可用正弦规配合百分表和量块来检验。

(3)用角度样板检验。当工件数量很多时,可用角度样板检验。

2. 万能角度尺的使用

万能角度尺是用来测量工件内、外角度的量具。其测量精度有2($'$)和5($'$)两种,测量范围为0°~320°。

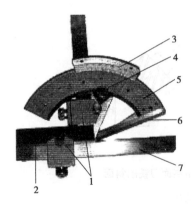

图 6.40 万能角度尺

1—卡块;2—90°角尺;3—游标;
4—制动器;5—尺身;6—基尺;7—直尺

(1)万能角度尺的结构。万能角度尺如图 6.40 所示,主要由尺身、90°角尺、游标、制动器、基尺、直尺、卡块等组成。基尺可随尺身沿游标转动,转到所需角度时,再用制动器锁紧。卡块将 90°角尺和直尺固定在所需的位置上。

(2)2′万能角度尺的刻线原理和读数方法。尺身刻线每格 1′,游标在 29°范围内刻等分线 30 格,每格为 58′,尺身 1 格与游标 1 格之间角度差为 $1° - 58′ = 2′$,故其测量精度为 2′。

万能角度尺的读数方法与游标卡尺的读数方法基本相同。

(3)万能角度尺测量分段。万能角度尺的测量范围为 0° ~ 320°共分 4 段:0° ~ 50°,50° ~ 140°,140° ~ 230°,230° ~ 320°。各测量段的 90°角尺、直尺位置配置和测量方法如图 6.41 所示。

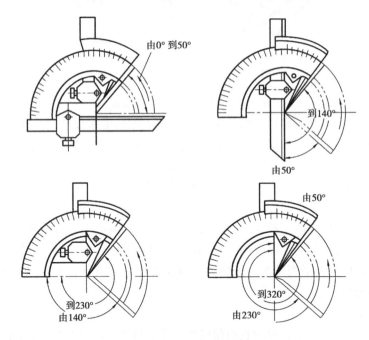

图 6.41 万能角度尺的测量方法

四、斜面铣削技能训练

实习操作图如图 6.11 所示,在立式铣床上用端铣刀铣削。铣 56°斜面步骤:

(1)校正平口钳固定钳口与铣床纵向工作台平行。

(2)选择并安装铣刀。选择直径为 80 mm 的镶齿端铣刀。

(3)划线。按图样要求划线,并打样冲眼,如图 6.42 所示。

(4)装夹并校正工件。工件基准面与工作台台面垂直。

(5)调整铣削用量。取主轴转速 $n = 250$ r/min,进给速度 $v = 60$ mm/min,铣削深度分次进给。

（6）调转立铣头角度 $\theta = 34°$。

（7）对刀铣削工件。对刀调整铣削深度后紧固纵向进给,用横向进给分数次走刀铣出56°斜面。

（8）尺寸控制。按划线铣削,以铣到剩半个样冲眼为准。

五、铣削斜面时的注意事项

（1）划的轮廓线应准确无误。

（2）安装夹具时,夹具底面与工作台台面应紧密贴合,夹具钳口与进给方向的关系应正确,夹具在工作台上的固定,应牢固可靠。

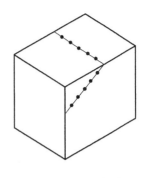

图6.42　划线、打样冲眼

（3）万能工作台的倾斜角度要准确。

（4）铣刀倾斜铣斜面时,立铣头扳转的角度要准确。

（5）选用的角度铣刀的角度要准确。

（6）安装时,要擦干净工件基准面和定位面。

（7）用机床用平口虎钳装夹时,应检查机床用平口虎钳的导轨面与工作台台面的平行度。

（8）端铣时,应调整机床主轴轴线,使其与工件进给方向垂直。

（9）周铣时,要确保铣刀的同轴度,要确保铣刀轴线与工件进给方向的平行度。

六、斜面铣削的质量分析

1. 影响斜面倾斜角度的因素

（1）立铣头转动角度不准确。

（2）按划线装夹工件铣削时,划线不准确或铣削时工件产生位移。

（3）采用圆周铣时,铣刀圆柱度误差大（有锥度）。

（4）用角度铣刀铣削时,铣刀角度不准。

（5）工件装夹时,平口钳钳口、钳体导轨面及工件表面未擦净。

2. 影响斜面尺寸的因素

（1）看错刻度或摇错手柄转数,以及没有削除丝杆螺母副的间隙。

（2）划线不准,使尺寸铣错。

（3）铣削过程中,工件有松动现象。

3. 影响表面粗糙度的因素

（1）进给量过大。

（2）铣刀不锋利。

（3）机床、夹具刚度差,铣削中有振动。

（4）铣削过程中,工作台进给或主轴回转突然停止,导致铣刀啃伤工件表面。

（5）铣削钢件时未使用切削液,或切削液选用不当。

想一想

（1）常用哪些方法铣斜面?

（2）倾斜工件铣斜面有哪几种方法? 各适用于什么场合?

（3）转动立铣头铣斜面时,转动角度的度数应怎样确定?

(4)在什么条件下适宜用角度铣刀铣斜面? 角度铣刀有什么特点? 铣削时应注意什么?

(5)在进行斜面铣削的调整时,工件、铣床和铣刀之间的位置较复杂,它们之间有没有一定的规律?

提示

有。在铣削斜面时,无论用哪种铣削方法,工件、铣床和铣刀之间必须满足以下两个条件:

1)铣削时工件的斜面必须与工件台进给方向平行。

2)铣削时工件的斜面必须与铣刀的切削位置相吻合。即周铣时,工件上的斜面必须与铣刀的外圆柱面相切;端铣时,工件上的斜面必须与铣刀的端面切削刃相重合。

(6)用倾斜铣刀铣削斜面时,由于斜面的基准面及角度标注不同,以及工件装夹时基准面的相对位置也有所不同,以致扳转角度时方向和角度很容易搞错。如何才能快而准地记住扳转角度的规律?

提示

若用立铣头扳转角度倾斜铣刀的方法来铣斜面,可按照下面的口诀扳转角度:"端平、周垂向斜转,基准相同角度同,基准不同角度余。"

其含义是:在扳转角度前,端面刃处于与工作台面平行状态,圆周刃处于与工作台面垂直状态;铣削时相应的切削刃应向斜面所处的位置扳转,使切削位置与斜面相吻合。若基准面装夹时所处的位置与对应切削刃相同,则主轴所扳转角度与标注角度相同;若基准面装夹时所处的位置与相应切削刃相垂直,则主轴所扳转角度为标注角度的余角。

项目七　台阶、沟槽的铣削和切断

项目内容

(1)铣削台阶；

(2)铣削直角沟槽；

(3)铣削轴上键槽；

(4)切断。

项目目的

(1)掌握台阶、直角沟槽的铣削工艺和加工步骤；

(2)正确选择、安装三面刃铣刀；

(3)掌握铣台阶时对刀调整的方法；

(4)掌握直角沟槽的检测方法；

(5)掌握轴类零件的装夹方法；

(6)掌握键槽的铣削工艺和加工步骤；

(7)掌握轴上键槽的检测方法；

(8)掌握切断的工艺方法。

项目实施过程

任务一　铣削台阶

在机械加工中,有许多零件是带有台阶和沟槽的,如阶梯垫铁、传动轴的键槽、沉头螺钉的直角沟槽、铣床和刨床工作台上的 T 形槽、机床导轨上的燕尾槽等,它们通常是铣床加工的。铣削台阶就是铣削加工如图 7.1 所示的台阶面。

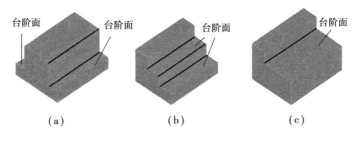

图 7.1　零件台阶的形式

一、台阶、直角沟槽的主要技术要求

1.尺寸精度

大多数的台阶和沟槽要与其他零件配合,所以对它们的尺寸公差,主要是配合尺寸公差,要求较高。

2.形状和位置精度

如各表面的平面度、台阶与沟槽侧面与基准面的平行度、双台阶对中心线的对称度等。对于斜槽和与侧面成一夹角的台阶,还有斜度的要求。

3.表面粗糙度

对与其他零件配合的两侧面的表面粗糙度要求较高,其表面粗糙度值一般应不大于 $R_a 6.3 \ \mu m$。

二、铣台阶的方法

零件上的台阶,根据其结构尺寸不同,通常可在卧式铣床上用三面刃铣刀和在立式铣床上用端铣刀或立铣刀进行加工。

1.用三面刃铣刀铣削台阶

由于三面刃铣刀的直径和刀齿尺寸都比较大,容屑槽也较大,所以刀齿的强度大,排屑、冷却较好,生产效率较高,因此,在铣削宽度不太大的台阶时,一般都采用三面刃铣刀。铣削时,三面刃铣刀的圆柱面刀刃起主要的切削作用,两个侧面刀刃起修光作用。

(1)用一把三面刃铣刀铣削台阶。铣削图7.1(a)所示的台阶时,可用一把三面刃铣刀,在卧式铣床上进行铣削加工。如图7.2所示。

①选择铣刀。主要是选择三面刃铣刀的宽度 L 和直径 D。三面刃铣刀的宽度应大于被铣台阶面的宽度 B,即 $L > B$,以便在一次进给中铣出台阶的宽度。铣削中,为使台阶的上平面能在回转的铣刀杆下通过,三面刃铣刀的直径应按下式计算确定:

$$D > d + 2t \ (铣刀直径 > 刀轴垫圈直径 + 2 \times 台阶深度)$$

式中　D——三面刃铣刀直径,mm;

　　　　d——铣刀杆垫圈直径,mm;

　　　　t—台阶深度,mm。

在满足上式的条件下,应选用直径较小的三面刃铣刀。

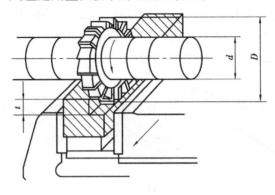

图7.2　用一把三面刃铣刀铣削台阶

②装夹工件。有三种装夹方法:

　　一般情况下工件可用平口虎钳装夹,尺寸较大的工件可用压板装夹,形状较复杂的工件或大批量生产时可用专用夹具装夹。

　　用平口虎钳装夹工件的方法,如图7.2所示。

　　首先是安装机床用平口虎钳。机床用平口虎钳安装在铣床工作台上,校正固定钳口,使其与铣床主轴线垂直。

　　其次是清洁。将平口钳的钳口和导轨面擦干净。

　　然后装夹工件。应使工件侧面靠向固定钳口,底面靠向钳体导轨面,铣削的台阶底面应高出钳口上平面。

　　③确定铣削用量。铣削台阶时铣削用量的确定方法与铣削平面时基本相同。

　　④铣削操作方法。铣削台阶的方法,如图7.3所示。

　　第1步:工件装夹、校正后,在工件侧面涂粉笔末,手摇各个进给手柄,使旋转中的铣刀侧面刃擦着工件侧面的粉笔末,如图7.3(a)所示。

　　第2步:垂直下降工作台,如图7.3(b)。

　　第3步:工件横向移动一个台阶宽度的距离,如图7.3(c)所示。紧固横向面进给手柄;上升工作台,使铣刀的圆周刃轻轻擦着工件。如图7.3(c)所示。

　　第4步:手摇纵向进给手柄,退出工件,将工作台向上移动一个台阶深度,使工件靠近铣刀,扳动自动进给手柄铣出台阶,如图7.3(d)所示。

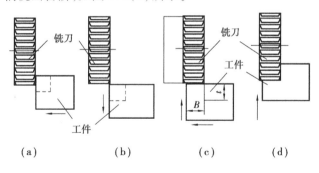

(a)　　　　　(b)　　　　　(c)　　　　　(d)

图7.3　铣削台阶方法

　　第5步:铣另一侧的台阶。退出工件,使工件横向进给一个 $A = B + C$ 的距离,紧固横向进给机构,铣出另一侧的台阶面。如图7.4所示。

　　注意:在进行刀具位置调整时,必须注意保证阶台两侧面的位置精度要求,特别是对称度要求。对于对称度要求较高的,应进行尺寸链换算。

　　如果台阶的深度较深时,可分粗铣和精铣完成。粗铣时,可将台阶侧面留有 0.5~1.0 mm 的余量,分次铣出台阶深度,最后一次进给时,将台阶底面和侧面同时精铣到尺寸,如图7.5所示。

　　⑤检测工件。铣削完毕,卸下工件对台阶进行测量,台阶的宽度和深度一般可用游标卡尺、游标深度尺测量。

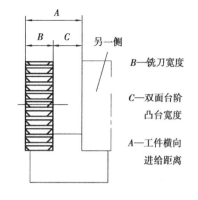

B—铣刀宽度

C—双面台阶凸台宽度

A—工件横向进给距离

图7.4　铣削双面台阶的另一侧台阶

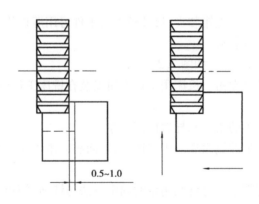

图7.5　铣较深的台阶

　　两边对称台阶的凸台宽度,当台阶深度较深时,可用千分尺测量;当台阶深度较浅时,可用公法线千分尺测量,如图7.6所示;也可用极限量规测量,如图7.7所示。

　　台阶侧面对工件宽度的对称度可用百分表借助标准平板和六面角铁进行测量,测量时采用工件翻身法进行对比测量,具体操作方法如图7.8所示。

　　工件的表面粗糙度可用铣削粗糙度样板对比检测。

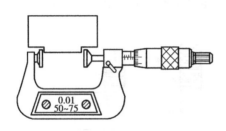

图7.6　用公法线千分尺测量

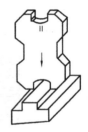

图7.7　用极限量规测量

　　(2)用组合三面刃铣刀铣削台阶。如果是成批或大量生产图7.9(a)所示的台阶,常采用由两把三面刃铣刀组合铣削双面台阶,如图7.9(b)所示。这不仅可提高生产效率,而且操作简单,并能保证工件质量。

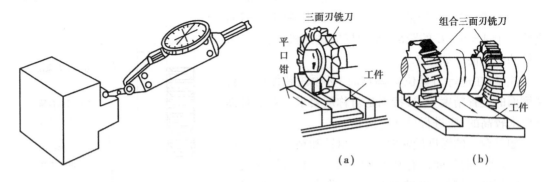

图7.8　测量台阶对称度

图7.9　用组合三面刃铣刀铣削台阶
　　(a)用一把三面刃铣刀铣台阶
　　(b)用组合三面刃铣刀铣台阶

　　用组合的三面刃铣刀铣削台阶时,应选择两把直径相同的铣刀,中间用刀杆垫圈隔开,将铣刀内侧面两刃间的距离调整到工件台阶凸台的宽度,并比实际所需的尺寸略大一些。装刀时,两把铣刀应错开半个齿,以减小铣削中的振动。对精度要求较高的工件,应使用废料进行试铣,检查凸台的尺寸,符合图样要求后再进行加工。加工中还需经常抽检该尺寸,避免出现废品。

2. 用立铣刀铣削台阶

铣削如图 7.1(b)所示的深度较深、或多级台阶时,可用立铣刀在立式铣床上加工。如图7.10 所示。铣削时,立铣刀的圆周刃起主要切削作用,端面刃起修光作用。由于立铣刀的外径小于三面刃铣刀,主切削刃较长,其刚度及强度较小,因而立铣刀铣削台阶时,铣削用量不能过大,否则容易产生"让刀"现象,甚至折断铣刀。因此,在条件许可的情形下,应选择直径较大的立铣刀,以提高刀具强度、刚性和铣削效率。其铣削方法和步骤与用三面刃铣刀铣削台阶基本相同。

3. 用端铣刀铣削台阶

铣削图 7.1(c)所示的宽度较大、深度较浅的台阶时,可用端铣刀在立式铣床上加工,如图7.11 所示。端铣刀刀杆刚度大,铣削时切屑厚度变化小,切削平稳,加工表面质量好,生产率较高。

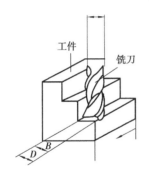

图 7.10 用立铣刀

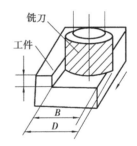

图 7.11 用端铣刀铣削台阶

铣削时,为了在一次进给中铣出台阶的全部宽度,所选用的端铣刀直径应大于台阶宽度,一般可按 $D = (1.4 \sim 1.6)B$ 选取。台阶的深度可分几次铣削完成,铣削方法和步骤,与用立铣刀铣削台阶基本相同。

用端铣刀铣削台阶时,工件可用机床用平口虎钳装夹,也可以用压板压紧在工作台面上。在用机床用平口虎钳装夹工件时,其装夹要求与用立铣刀铣削台阶时装夹要求相同。在用压板压紧工件时,应使工件进给方向平行或垂直。

三、铣削台阶技能训练

在 X6132 型万能铣床上,用一把三面刃铣刀,加工如图 7.12 所示的零件的台阶,其他面已加工好,即预制件为 80 mm × 30 mm × 26 mm 的矩形工件,材料为 45 钢。

1. 熟悉图样要求

零件毛坯为矩形,加工后台阶宽度为 $16_{-0.16}^{-0.05}$ mm,台阶底面高度尺寸为 14 mm,表面粗糙度 R_a 为 3.2 μm ,凸台左侧面对右侧的平行度公差是 0.10 mm,对外形宽度 30 mm 的对称度为 0.10 mm。对称度是位置精度,本例的对称度含义为台阶两侧面与 30 mm 外形的中间平面距离相等。

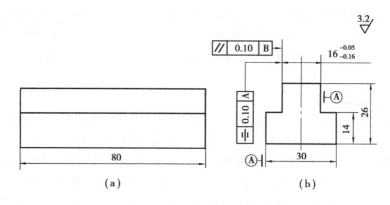

图 7.12　铣削台阶零件图及形状示意图

2. 选择铣刀

选择宽度为 12 mm,孔径为 27 mm、外径为 80 mm、齿数为 12 的直径三面刃铣刀。

3. 装夹工件

根据工件外形和大小,采用机床用平口虎钳装夹。

(1)安装平口虎钳。其步骤为:

①将平口虎钳安装在工作台上。

②用百分表校正固定钳口与工作台纵向进给方向。

③压紧(紧固)。

(2)安装工件。将工件装夹在钳口内,并在工作下面垫上适当厚度的平行垫铁,使工件高出钳口 14 mm 左右。用铜棒轻轻敲击,使工件与平行垫铁贴紧后夹紧。

4. 确定铣削用量

根据工件加工表面粗糙度的要求,分粗、精铣两步进行。粗铣时,切去加工表面大部分余量。每面为精铣留 0.5 mm 的余量。调整铣床主轴转速为 75 r/min,进给量为 47.5 mm/min。

5. 铣削操作方法

(1)对刀。对刀包括深度对刀和侧面对刀,主要用来调整工件的铣削层深度和宽度。

①深度对刀,在工件上表面贴一张纸,开动铣床,调整各方向手柄,使铣刀外圆切削刃刚擦到薄纸,记下垂直刻度盘的刻度值,退出工件。粗铣时把铣削层深度调整到 11.5 mm,精铣时,工作台再上升 0.5 mm。

②侧面对刀。如图 7.13 所示,调整铣刀位置。在工件侧面贴一张薄纸,开动铣床,缓慢地横向移动工作台,使铣刀一侧面擦到薄纸,如图 7.13(a)所示,记下横向刻度盘的刻度值,然后纵向移动工作台,退出工件。

根据要求,横向调整粗铣时的铣削宽度为 6.5 mm,为精铣留 0.5 mm 的余量,紧固横向工作台,开始铣削。

(2)粗、精铣一侧台阶。其步骤为:

①粗铣一侧台阶。对刀完成后,开动铣床,纵向移动工作台,粗铣出一侧台阶。

②用量具检测为精铣所留的余量。应先计算测量的尺寸数值,如留 0.5 mm 精铣余量时,测得台阶侧面与工件侧面的尺寸为 23.41 mm,若按凸台宽为 15.89 mm 计算,台阶单侧铣除的

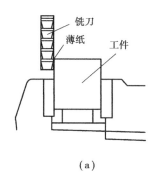
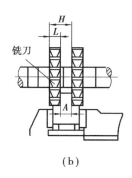

（a）　　　　　　　　　　　　（b）

图 7.13　调整铣刀

余量为（29.91 - 15.89）mm/2 = 7.01 mm。因此，精铣一侧台阶后的尺寸应为 7.01 mm +
15.89 mm = 22.90 mm，铣削余量为 23.41 mm - 22.90 mm = 0.51 mm。台阶底面高度的尺寸
可直接用游标卡尺测量，若粗铣后测得高度尺寸为 14.45 mm，则精铣余量为 14.45 mm -
14 mm = 0.45 mm。

③精铣该侧台阶。根据测量结果，调整垂直和横向工作台的刻度，即工作台按 0.51 mm
横向准确移动，按 0.45 mm 垂向升高，精铣该侧台阶，铣削时为保证表面质量，全程使用自动
进给。精铣后测量两侧面的尺寸应为 22.90 mm，底面高度尺寸为 14 mm。

（3）粗、精铣另一侧面。其步骤为：

①工作台横向移动台阶凸台宽 A 和刀具宽度 L 尺寸之和，铣削另一侧台阶。实际操作中
由于受铣刀的侧面摆差和铣床横向丝杠间隙的影响，不宜使工作台一次移动到位。一般情况
下，工作台实际移动距离应比计算值大 0.5 mm 左右（即粗铣时在侧面留 0.5 mm 的余量）。如
图 7.13（b）所示，工作台横向移动距离 H 为：

$$H = A + L + 0.5\ \text{mm} = 15.89\ \text{mm} + 12\ \text{mm} + 0.5\ \text{mm} = 28.39\ \text{mm}$$

铣削台阶的另一侧面时，可不必重新调整铣削层深度，只是将工件横向移动 28.39 mm
即可。

②试切后，进行测量。由于计算值 H 中铣刀的宽度为公称尺寸，假如测得另一侧粗铣后
的台阶凸台宽尺寸为 16.30 mm，因此实际精铣余量为 16.30 mm - 15.89 mm = 0.41 mm。

③根据测量结果，准确调整工作台横向位置，再进行铣削。

另外，也可采用换面法来加工。加工完毕一侧台后，松开机床用平口虎钳，将工件转过
180°，并使工件底面与平行垫铁紧密贴合，夹紧后再加工另一侧台阶。

6. 检测工件

（1）铣削完毕，卸下工件。

（2）用游标卡尺和游标深度尺，或千分尺，测量台阶的宽度和深度。

（3）用铣削粗糙度样板对比检测工件的表面粗糙度。

（4）用 0.01 mm 的千分尺测量平行度。

7. 台阶铣削的质量分析

（1）影响台阶尺寸的因素

①工作台移动调整尺寸时摇得不准。

②测量不准。

③铣削中,铣刀受力不均匀,出现"让刀"现象。

④铣刀摆差太大。

⑤工作台"零位"不准,用三面刃铣刀铣台阶时,会使台阶上部尺寸变小。

(2)影响台阶形状、位置精度的因素

①平口钳固定钳口未校正,或用压板装夹时工件未校正,铣出的台阶产生歪斜。

②工作台"零位"不准,用三面刃铣刀铣削时,不仅台阶上窄下宽,而且台阶侧面会铣成凹面。

③立铣头"零位"不准,纵向进给用立铣刀铣削时,台阶底面产生凹面。

(3)影响台阶表面粗糙度的因素

①铣刀变钝。

②铣刀摆差太大。

③铣削用量选择不当,尤其是进给量过大。

④铣削钢件时没有使用切削液或切削液使用不当。

⑤铣削时振动太大,未使用的进给机构没有紧固,工作台产生窜动现象。

想一想

(1)当台阶宽度较大、深度较浅时,为了提高生产效率和加工精度,应在_____加工。

  A.立铣上用端铣刀   B.卧铣上用三面刃铣刀   C.立铣上用键槽铣刀

(2)用两把直径相同的三面刃铣刀组合铣削台阶时,考虑到铣刀偏让,应用刀杆垫圈将铣刀内侧的距离调整到_____工件所需要的尺寸进行试铣。

  A.略小于   B.等于   C.略大于

(3)在万能卧式铣床上用盘形铣刀铣削台阶时,台阶两侧面上窄下宽,呈凹弧形面,这种现象是由_____引起的。

  A.铣刀刀尖有圆弧   B.工件定位不准确   C.工作台零位不对

(4)铣削台阶的方法有哪几种?

(5)简述铣削台阶时可能产生废品的原因?

(6)在用三面刃铣刀铣台阶时,分析产生"让刀"现象的原因?应采用什么方法避免此现象的影响?

提示

三面刃铣刀铣台阶时只有圆柱面刀刃和一个侧面刀刃参加铣削,铣刀的一个侧面受力,就会使铣刀向不受力一侧偏让而产生"让刀"现象。尤其是较深的窄台阶,发生的"让刀"现象更为严重。因此,可采用分层法铣削,即将台阶的侧面留 0.5 ~ 1 mm 余量,分次进给铣至台阶深度。最后一次进给时,将其底面和侧面同时铣削完成。

任务二 铣削直角沟槽

直角沟槽有敞开式(通槽)、半封闭式(半通槽)和封闭式(封闭槽)三种形式,如图7.14所示。敞开式直角沟槽主要用三面刃铣刀铣削,也可用立铣刀、盘形槽铣刀来铣削。封闭式直角沟槽一般采用立铣刀或键槽铣刀铣削。半封闭直角沟槽则须根据封闭的形式采用不同的铣刀进行加工。若槽端底面成圆弧形,则用盘形铣刀铣削;若槽端侧面成圆弧形,应选用立铣刀铣削。

(a)敞开式　　　　(b)半封闭式　　　　(c)封闭式

图7.14　直角沟槽的形式

一、用三面刃铣刀铣削直角沟槽

如图7.14(a)所示的敞开式直角沟槽,通常用三面刃铣刀或盘形槽铣刀铣削。当尺寸较小时,用三面刃铣刀加工,如图7.15所示;成批生产时,采用盘形槽铣刀加工。

1.选择铣刀

(1)铣刀的宽度。三面刃铣刀刀齿的宽度 B 应不大于所加工的沟槽宽度 B'。

(2)铣刀直径 D。铣刀直径 D 应大于刀轴垫圈的直径 d 加上两倍的槽深 H。

铣刀的选择如图7.16所示。

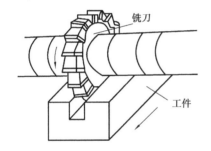

图7.15　三面刃铣刀铣削直角沟槽

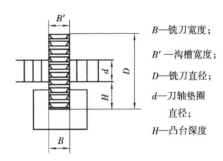

B—铣刀宽度;

B'—沟槽宽度;

D—铣刀直径;

d—刀轴垫圈
　　直径;

H—凸台深度

图7.16　选择铣刀

2.装夹工件

(1)装夹夹具。一般情况下,用机床用平口虎钳装夹工件,其固定钳口应与铣床主轴线垂直或平行,保证铣出沟槽两侧面与工件基准面平行或垂直。

(2)工件的装夹。装夹工件时,工件底面应与钳体导轨或垫铁贴合,保证加工出的沟槽底面深浅一致。

3.铣削操作方法

用三面刃铣刀加工敞开式直角沟槽的方法与加工台阶基本相同,但有两种对刀方法。

(1)划线对刀。在工件加工部位划出直角沟槽的尺寸、位置线,装夹、校正工件后,调整机床,使铣刀两侧刃对准工件所划的沟槽宽度线,紧固横向进给机构,分次铣出沟槽。

(2)侧面对刀。装夹、校正工件后,适当调整机床,当铣刀侧面刚擦到工件侧面时,降下工作台,紧固横向进给机构,调整切削的铣刀,铣出沟槽。如图7.17所示。

用三面刃铣刀铣削加工精度要求较高的直角沟槽时,应选择略小于槽宽的铣刀,先铣好槽的深度,再扩铣出槽的宽度,如图7.18所示。

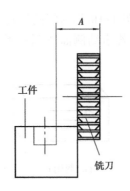

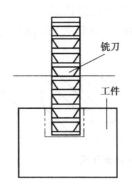

图7.17　侧面对刀　　　　图7.18　深度铣好扩铣两侧

4.用三面刃铣刀铣削直角沟槽的注意事项

（1）要注意铣刀安装所造成的端面偏摆误差（简称摆差），以免因铣刀摆差把沟槽宽度铣大。

（2）在槽宽上分几刀铣准时，要注意铣刀单面切削时的让刀现象。

（3）注意对准万能卧式铣床的工作台零位（对中），以免铣出的直角沟槽出现上宽下窄，槽侧面的对称度超差，两侧呈弧形凹面现象。

（4）在铣削过程中，不能中途停止进给；铣刀在槽中旋转时，不能退回工件。

二、用立铣刀铣削半封闭槽和封闭槽

1.铣削半封闭槽

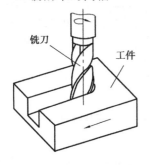

图7.19　立铣刀铣削半封闭槽

铣削如图7.14（b）所示的半封闭槽时，通常用立铣刀铣削加工。如图7.19所示。

用立铣刀铣削半封闭槽时，选择的立铣刀直径应不大于槽的宽度。

由于立铣刀刚度较差，铣削时易产生偏让，受力过大使铣刀折断，故在加工较深的沟槽时，应分几次铣削，以达到要求的深度。铣削时只能由沟槽的外端铣向沟槽深度。如图7.19所示。槽深铣好后，再扩铣沟槽两侧，扩铣时应避免顺铣，以免损坏铣刀，啃伤工件。

2.铣削封闭槽

铣削图7.14（c）所示的封闭槽时，通常用立铣刀铣削加工。

用立铣刀铣削封闭的沟槽时，由于铣刀的端面中心附近没有切削面，不能垂直进给切削工作，因此要预钻落刀孔，如图7.20所示，落刀孔的深度略大于沟槽的深度，其直径小于所铣槽宽度的0.5~1 mm。铣削时，应分几次进给，每次进给都由落刀孔一端铣向另一端，槽深达到要求后，再扩铣两侧。铣削时，不使用的进给

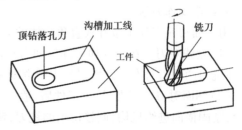

图7.20　立铣刀铣削封闭槽

机构应紧固(如使用纵向铣削时,应锁紧横向进给机构。反之,则锁紧纵向进给机构),扩铣两侧时应避免顺铣。

精度较高、深度较浅的半封闭槽和封闭槽,可用键槽铣刀铣削。用键槽铣刀铣削穿通封闭槽时,可不必钻落刀孔。

三、铣削直角沟槽技能训练

在 X6132 型万能铣床上,用一把立铣刀,加工如图 7.21 所示的零件的封闭孔(其他已加工好)。

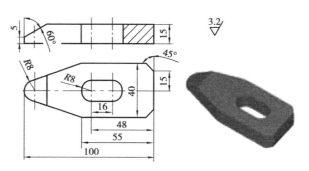

图 7.21 铣削直角沟槽零件图及形状示意图

1. 熟悉图样要求

零件为长方体平板形状,中间为腰形封闭沟槽,表面粗糙度 R_a 为 6.3 μm,尺寸要求如图7.21 所示。

2. 选择铣刀

根据沟槽尺寸,选择直径为 16 mm、齿数为 3 的立铣刀。

3. 装夹工件

采用机床用平口虎钳装夹工件。为不妨碍立铣刀穿过,在工件下面应垫两块等高、较窄的平行垫铁。固定钳口应与进给方向平行,如图 7.22 所示。工件应预先画好线,并钻好落刀孔。

4. 确定铣削用量

因立铣刀直径不大,应取较小的铣削速度和进给量。现取主轴转速为 300 r/min,吃刀深度为5 mm,分 3 次铣完。由于沟槽较短,可采用手动进给。

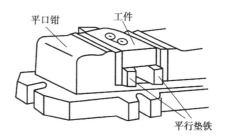

图 7.22 用机床用平口虎钳装夹压板

5. 铣削操作方法

(1)对刀。移动各种工作手柄,使铣刀与工件上预先钻好的落刀孔重合。

(2)手动进给铣削。开动铣床,使铣刀对准落刀孔,紧固主轴套筒和工作横向进给机构。手摇纵向工作手柄作纵向进给铣削时,手摇进给速度不宜过快。

6. 检测工件

铣削完毕卸下工件,按照图样要求用游标卡尺检测沟槽的长度,宽度和两端圆弧半径,检测位置及尺寸精度。

用铣削粗糙度样板对比检测工件的表面粗糙度。

7. 直角沟槽铣削的质量分析

(1)影响沟槽尺寸的因素

①选择铣刀尺寸不正确,使槽宽尺寸铣错。

②铣刀刀刃的径向圆跳动和端面圆跳动过大,使槽宽尺寸铣大。

③用立铣刀铣削时,产生"让刀"现象,或来回数次吃刀切削工件,将槽宽铣大。

④测量不准或摇错刻度盘数值。

(2)影响沟槽形状、位置精度

①平口钳固定钳口未校正,选择的平行垫铁不平行,装夹工件时工件未校正,使铣出的沟槽歪斜,槽侧面与工件侧面不平行,槽底面与工件底面不平行。

②工作台"零位"不准,用三面刃铣刀铣削时,沟槽两侧出现凹面,两侧面不平行。

③对刀时对偏、扩铣时将槽侧铣偏、测量不准使槽铣偏等,使铣出沟槽的两侧与工件中心不对称。

(3)影响沟槽表面粗糙度的因素与铣削台阶时相同。

想一想

(1)封闭式直角沟槽通常选用_____铣削加工。

    A.三面刃铣刀   B.键槽铣刀   C.盘形槽铣刀

(2)在铣削封闭式直角沟槽时,选用_____铣削加工前需预钻落刀孔。

    A.立铣刀   B.键槽铣刀   C.盘形槽铣刀

(3)常见的直角沟槽有哪几种?简述直角沟槽的铣削方法。

(4)用三面刃铣刀铣削直角沟槽应注意哪些事项?

(5)在用直径较小的直柄立铣刀或键槽铣刀铣直角沟槽时为什么会常常出现越铣越深的现象?

提示

在采用直柄立铣刀或键槽铣刀铣削直角沟槽时,铣刀是采用弹簧夹头或钻夹头来装夹的,若装夹得不够牢固,则铣削过程中铣刀在轴向铣削抗力的作用下铣刀会逐渐从夹头中被拔出,这一现象俗称"扎刀"。这样就使得沟槽越铣越深。所以,用直柄铣刀加工直角沟槽时,一定要注意铣刀夹紧是否牢固。

任务三　铣削轴上键槽

键连接是通过键将轴与轴上零件(如齿轮、带轮、凸轮等)结合在一起,并传递转矩的连接。

轴上安装键的沟槽称为键槽,键槽有敞开式和封闭式两种。敞开式键槽大都采用盘形铣刀铣削,封闭式键槽采用键槽铣刀铣削。

一、轴上键槽铣削的工艺要求

图 7.23 所示是带有键槽的传动轴,从图中可知,由于轴槽的两侧面与平键两侧面相配合,以传递转矩,是主要工作面,因此,轴槽宽度的尺寸精度要求较高,轴槽两侧面的表面粗糙度值

较小,轴槽对轴的轴线的对称度也有较高的要求,槽的深度要求较低。

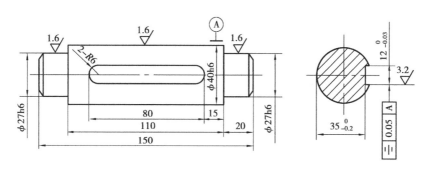

图 7.23　带有键槽的传动轴

二、键槽铣削

1. 工件的装夹方法

轴类零件的装夹方法很多。装夹工件时,不但要保证工件的稳定可靠,还要保证工件的轴线位置不变,以保证轴槽的中心平面通过轴线。按工件的数量和条件,常用的装夹方法有以下几种:

(1)用平口钳装夹。用平口钳装夹工件,装夹简单、稳固,但当工件直径有变化时,工件轴线在左右(水平位置)和上下方向都会产生变动,安装找正比较麻烦,如图 7.24 所示,影响轴槽的深度尺寸和对称度,所以适用于单件生产。

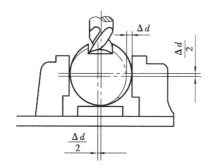

图 7.24　用平口钳装夹工件　　　　　　图 7.25　用 V 形架装夹工件铣键槽

对轴的外圆已精加工过的工件,由于一批轴的轴径变化很小,用平口钳装夹时,各轴的中心位置变动很小,在此条件下,适用于批量生产。

(2)用 V 形架和压板装夹。采用将圆柱形工件放在 V 形架内,并用压板紧固的装夹方法来铣削键槽,是铣床上常用的方法之一,其特点是工件中心必定在 V 形的角平分线上,对中性好,当工件直径的变动时,不影响键槽的对称度。铣削时虽铣削深度有改变,但变化量一般不会超过槽深的尺寸公差,如图 7.25 所示。

用 V 形架在卧式铣床上用键槽铣刀铣削,若采用图 7.26 所示的装夹方法,则当工件直径有变化时,键槽的对称度会有影响,故适用于单件生产。

(3)用轴用虎钳装夹。如图 7.27 所示,用轴用虎钳装夹轴类零件时,具有用台虎钳装夹和 V 形架装夹的优点,装夹简便迅速。轴用虎钳的 V 形槽能两面使用,其夹角大小不同,以适应工件直径的变化。

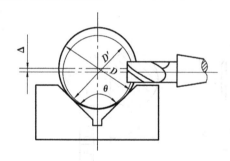

图 7.26　用 V 形架装夹在卧式铣床上铣削

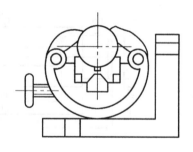

图 7.27　用轴用虎钳装夹

（4）用分度头（其结构在项目九介绍）装夹。用分度头主轴和尾座的两顶尖装夹工件（如图 7.28 所示），或用三爪自定心盘和尾座顶尖的一夹一顶方法装夹工件（如图 7.29 所示），工件的轴线始终在两顶尖或三爪自定心卡盘中心与后顶尖的连心线上，工件轴线的位置不因工件直径变化而变化，因此，轴上键槽的对称性不会受工件直径变化的影响。安装分度头和尾座时，也应用标准量棒在两顶尖间或一夹一顶装夹，用百分表校正其上母线与工作台纵向进给方向平行。

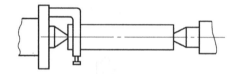

图 7.28　用分度头主轴和尾座的两顶尖装夹

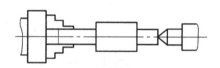

图 7.29　用三爪自定心卡盘和尾座顶尖装夹

2. 对刀

为了使键槽对称于轴线，铣削时必须使键槽铣刀的中心线或盘形铣刀的对称线通过工件的轴线（俗称对中心）。对刀的方法很多，现介绍以下几种：

（1）侧面对刀法。用立铣刀或用较大直径的圆盘铣刀加工直径较小的工件时，可在工件侧面涂粉笔末，然后使铣刀旋转，当立铣刀的圆柱面刀刃或三面刃铣刀的侧面刀刃刚擦到粉笔末时，降低工作台，将工作台横向移动一个距离 A，如图 7.30 所示，且可用下式计算。

用盘形铣刀铣削时（见图 7.30（a））：

$$A = (D + L)/2 + \delta$$

用键槽铣刀铣削时（见图 7.30（b））：

$$A = (D + d)/2 + \delta$$

式中　L——盘形铣刀宽度，mm；

　　　d——键槽铣刀直径，mm；

　　　δ——对刀量，mm；

（2）切痕法对中心。铣削轴类零件上的键槽时，用铣刀在轴上铣出切痕，利用切痕对中心的方法称为切痕对刀，这种方法对中精度不高，但使用简便，是最为常用的一种方法。

①盘形槽铣刀切痕法。如图 7.31（a）所示，先把工件大致调整到盘形槽铣刀的对称中心

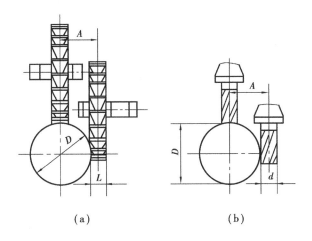

（a）　　　　　　　　　　（b）

图 7.30　侧面对刀法

位置上,开动机床,在工件表面上铣出一个接近铣刀宽度的椭圆形切痕,纵向移出工件。用眼睛观测铣刀宽度和切痕的相对位置,然后横向移动工作台位置,使铣刀宽度落在椭圆的中间位置即可。

②键槽铣刀切痕法。如图 7.31(b)其原理和方法与盘形铣刀切痕调整方法相同,只是键槽铣刀铣出的切痕是个边长等于铣刀直径的四方形小平面。对中时,横向移动工作台,使铣刀的刀尖在旋转时落在小平面的中间位置。

（3）用杠杆百分表对中心。这种方法对中心精度高,适合于在立式铣床上对用分度头夹的工件、平口钳装夹的工件,以及 V 形架进行对中心调整,如图 7.32

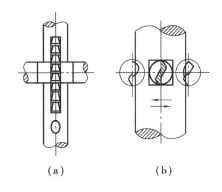

（a）　　　　　　　　　（b）

图 7.31　切痕法对中心
（a）盘形槽铣刀切痕法
（b）键槽铣刀切痕法

所示。调整时,将杠杆百分表固定在立铣头主轴上,用手转动主轴,观察百分表在工件两侧、钳口两侧、V 形架两侧的读数,横向移动工作台使两侧读数相同。

3.轴上键槽的铣削方法

（1）铣轴上通键槽。轴上键槽为通槽（如普通车床光杠上的键槽）或一端为圆弧的半通槽（如铣刀杆上的键槽）,一般都采用盘形槽铣刀来铣削。这种长的轴类零件,若外圆已经磨削准确,则可采用平口钳装夹进行铣削,如图 7.33 所示。为避免因工件伸出钳口太多而产生振动和弯曲,可在伸出端用千斤顶支撑。若工件外圆只经粗加工,则采用三爪自定心卡盘和尾座顶尖来装夹,且中间需用千斤顶支撑。工件装夹完毕并调整对中心后,应调整铣削层深度。调整时先使回转的铣刀刀刃和工件上圆柱面（上母线）接触,然后退出工件,调整工件的铣削深度,即可开始铣削。当铣刀开始切到工件时,应手动慢慢移动工作台,不浇注切削液,并仔细观察。若出现如图 7.34 所示的情况,则说明铣刀还未对准中心,应将工件有台阶的一侧向铣刀方向作横向移动调整,直至对准中心为止。

（2）铣轴上封闭键槽。轴上键槽是封闭槽或一端为直角的半通槽,应采用键槽铣刀铣削。用键槽铣刀铣削轴槽,通常不采用一次铣到轴槽深度的铣削方法,因为当铣刀用钝时,其刀刃

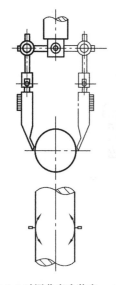
（a）对用分度头装夹
的工件对中心

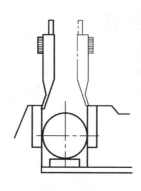
（b）对用平口钳装夹
的工件对中心

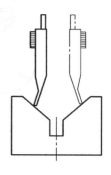
（c）对V形架对中心

图7.32　用杠杆百分表对中心

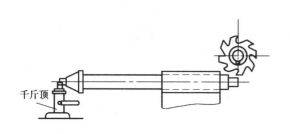
千斤顶

图7.33　用平口钳装夹进行铣削

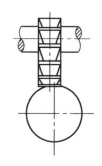
图7.34　未对准中心

磨损的轴向长度等于轴槽深度，如刃磨圆柱面刀刃，会使铣刀直径磨小而不能再用作精加工，因而一般采用磨去端面一段的方法较合理，但磨损长度太长则对铣刀使用不利。用键槽铣刀铣削轴上封闭槽，常用分层铣削法。

分层铣削法是用符合键槽宽度尺寸的铣刀分层铣削键槽，如图7.35所示。安装铣刀后，先在废料上试铣，检查所铣键槽的宽度尺寸符合图样要求后，再装夹、校正工件并对中心，然后加工工件。铣削时，每次铣削深度约为0.5 mm，以较快的进给量往复进行铣削，一直切到规定的深度为止。

这种加工方法的特点是：需在键槽铣床上加工，铣刀用钝后只需要磨端面刃，铣刀直径不受影响，在铣削时也不会产生让刀现象。

三、键槽的检验

1.宽度、深度和长度的检验

键槽的宽度通常用塞规来检验，如图7.36所示。深度和长度一般用游标卡尺来检验。对

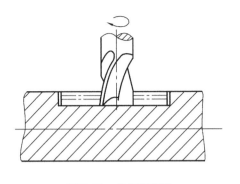

图 7.35 分层铣削法

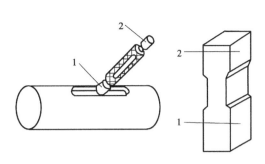

图 7.36 用塞规检验键槽的宽度
1—过端;2—止端

封闭式键槽的槽深,可用如图 7.37 所示的方法检测。用游标卡尺测量时,可在键槽内放一块比键槽深度略大的矩形块,如图 7.37(a)所示,量得的尺寸减去矩形块的尺寸,即为槽底到圆柱面的尺寸。宽度大于千分尺测量杆直径的键槽,可用千分尺直接测量,如图 7.37(b)所示。

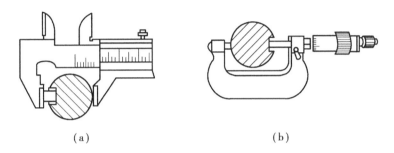

(a)   (b)

图 7.37 键槽的槽深的测量

2. 轴键槽对称度的测量

轴键槽的对称度可用图 7.38 所示的方法检测。对窄而浅的键槽,可在槽内紧密插入一块平整的键,以增大测量面。对宽而深的键槽,可直接测量槽的侧面。检测时,可把工件安放在 V 形架或两顶尖之间,并一起放在平板上,使其能作定轴旋转。先使键槽处在一侧,用百分表将键的上平面(键槽的下侧面)校到与平板平行,并记下百分表读数,然后将工件转过 180°,用同样方法检测,又得到一个读数。两个读数的差值即为对称度误差。

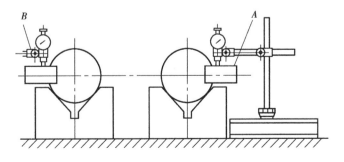

图 7.38 用百分表检测键槽的对称度

四、键槽铣削技能训练

1. 看图分析

如图 7.39 所示为带键槽轴零件图样,材料为 45 钢,坯料为圆钢经精车或磨削。单件加工,采用平口钳装夹。轴槽宽度尺寸精度 IT9 级,表面粗糙度 R_a 值为 3.2 μm。

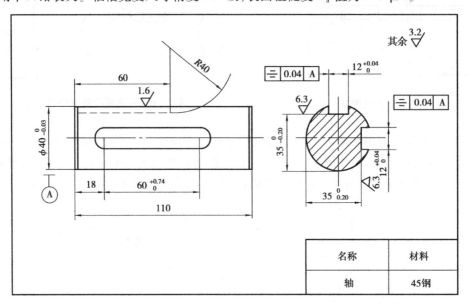

图 7.39 铣轴上键槽

2. 选择铣刀

封闭槽选用键槽铣刀 $d=10$ mm 和 $d=12$ mm 各 1 把,在立式铣床上加工。半通槽选用三面刃铣刀 80 mm×12 mm×27 mm,在卧式铣床上加工。

3. 加工步骤

(1)在立式铣床上,铣轴上封闭键槽,其加工步骤为:

①安装平口钳,校正固定钳口与工作台纵向进给方向平行。

②选择并安装键槽铣刀。

③试铣,检查铣刀尺寸。

④装夹并校正工件。用杠杆百分表调整对中心。

⑤铣削封闭槽,先用 $d=10$ mm 键槽铣刀分层粗铣,取 $n=475$ r/min,每次进给时的铣削深度为 1 mm,槽深留余量 0.2 mm,槽两端各留 0.5 mm 余量,手动进给铣削。然后换 $d=12$ mm 键槽铣刀精铣至规定尺寸。

⑥测量,卸下工件。

(2)在卧式铣床上铣轴上半通键槽,其加工步骤为:

①安装平口钳,校正固定钳口与主轴轴线垂直。

②选择并安装铣刀。选择 80 mm×12 mm×27 mm 三面刃盘形铣刀。

③试铣检查铣刀尺寸。

④装夹并校正工件,一方面要对中心,另一方面要保证半通键槽与封闭键槽的位置度要求。

⑤铣削。紧住横向进给，调整切削用量，取 $n = 95$ r/min，$v_f = 47.5$ mm/min。槽深一次铣到深度，加工出工件。

⑥测量，卸下工件。

五、键槽铣削的质量分析

1. 影响槽宽度尺寸的因素

（1）没有经过试铣检查铣刀尺寸就直接铣削工件，铣刀宽度尺寸或直径尺寸不合适。

（2）铣刀有摆差。用键槽铣刀铣槽时，铣刀径向圆跳动过大；用盘形槽铣刀铣槽时，铣刀端面跳动过大，导致将槽铣宽。

（3）铣削时，切削深度过大，进给量过大，产生"让刀"现象，将槽铣宽。

2. 影响槽对称度的因素

（1）铣刀对中心不准。

（2）铣削中，铣刀让刀量太大。

（3）成批生产时，工件外圆尺寸公差太大。

（4）槽两侧扩铣余量不一致。

3. 影响槽两侧与工件轴线平行度（见图7.40）的因素

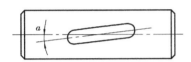 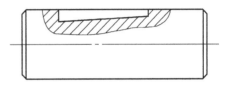

图 7.40　槽两侧与工件轴线不平行　　　　图 7.41　槽底与工件轴线不平行

（1）工件外圆直径不一致，有大小头。

（2）用平口钳或 V 形架装夹工件时，平口钳或 V 形架没有校正好。

4. 影响槽底与工件轴线平行度（见图7.41）的因素

（1）工件的上母线未找准水平。

（2）选用的垫铁不平行，或选用的两 V 形架不等高。

5. 影响表面粗糙度的因素

（1）铣削用量选择不当。

（2）铣刀磨钝及未加注切削液。

（3）工件表面碰伤或有压痕。

想一想

（1）用盘形铣刀在轴类零件上用切痕法对刀，切痕的形状是_____。

　　A. 椭圆形　　　　　　　　B. 矩形　　　　　　　　C. 梯形

（2）用键槽铣刀在轴类零件上用切痕法对刀，切痕的形状是_____。

　　A. 椭圆形　　　　　　　　B. 圆形　　　　　　　　C. 矩形

（3）在批量生产中，检验键槽宽度是否合格，通常应选用_____检验。

　　A. 塞规　　　　　　　　　B. 游标卡尺　　　　　　C. 内径千分尺

（4）若铣出的键槽槽底面与工件轴线不平行，原因是_____。

　　A. 工件上素线与工作台面不平行。

B. 工件侧素线与进给方向不平行。

C. 工件铣削时轴向位移。

（5）铣削轴类零件上的键槽时，常用哪些方法装夹工件？试述其各自的特点。

（6）铣削键槽时，常用哪几种对刀方法？

（7）在轴类零件上铣削键槽时怎样进行切痕对刀？

（8）在用键槽铣刀或立铣刀铣键槽时，为什么通常要用分层铣削法或扩刀铣削法，而不用定尺寸刀具法一次铣削到槽深？

提示

因为键槽的铣削技术要求中不但槽宽有较高的尺寸精度要求，而且键槽的直线度、两侧面与轴线的对称度等形位精度要求也很高。这就要求我们在铣削过程中要尽量减少各种降低精度的因素对铣削过程的影响。用分层铣削法或扩刀铣削法主要可以达到以下目的：

（1）减小轴向铣削力，避免"扎刀"。

（2）用来铣削键槽的键槽铣刀或立铣刀一般直径较小、刚性差，加上齿数少、切削时受力不均。若切削过深，极易产生偏让和打刀；用分层铣削法可减小"让刀"。

（3）一次切削到槽深时，铣刀过大的径向偏让会影响键槽的直线度，而用扩刀法铣削时，可通过扩铣将粗铣时产生的误差削除或减少。

任务四　切　断

一、切断用的铣刀

1. 切断用的铣刀特点

（1）为了节省切缝材料，切断所用的铣刀一般采用薄片圆盘形。

（2）切断用的铣刀有两种：锯片铣刀直径较大，主要用于切断；开缝用的铣刀直径较小，齿也较密，主要用于铣切口和窄缝，也可切断细小和薄形工件。

（3）为减小铣刀两侧面与切口之间的摩擦，铣刀的厚度自圆周向中心凸缘逐渐减薄。

2. 锯片铣刀

锯片铣刀是在铣床上铣窄槽或切断工件时所用的铣刀，如图7.42所示。锯片铣刀的刀齿有粗齿、中齿和细齿之分。粗齿锯片铣刀的齿数少，齿槽的容屑量大，主要用于切断工件。细齿锯片铣刀的齿数最多，齿槽的容屑量最小。中齿和细齿锯片铣刀适用于切断较薄的工件和铣窄槽。

用锯片铣刀切断时，主要选择锯片铣刀的直径和宽度。在能够将工件切断的前提下，尽量选择直径较小的锯片铣刀。铣刀直径 D 由铣刀杆垫圈外径 d 和工件切断厚度 t 确定：

$$D > d + 2t$$

用于切断的铣刀的宽度是根据其直径确定的，铣刀直径大，铣刀的宽度选大一些；反之，铣刀直径小，则铣刀的宽度就选小一些。

为了提高切断的工作效率，还可以使用疏齿的错齿锯片，可以进一步提高铣削的进给速度。

二、工件的装夹

在切断工作中经常会因为工件的松动而使铣刀折断（俗称打刀）或工件报废，甚至发生安

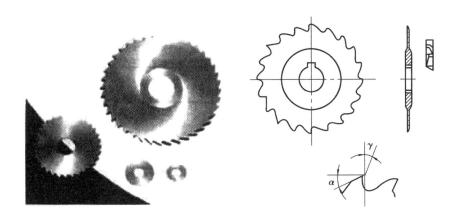

图 7.42　锯片铣刀

全事故,所以工件的装夹必须做到牢固、可靠。在铣床上切断或切槽时,根据工件的尺寸、形状不同,常用平口钳、压板或专用夹具等对工件进行装夹。

1.用平口钳装夹

用平口钳装夹工件,无论是切断还是切槽,工件在钳口上的夹紧力方向应平行于槽侧面(夹紧力方向与槽的纵向平行),以避免工件夹住铣刀,如图 7.43 所示。

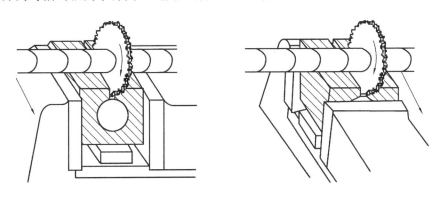

图 7.43　工件进行切断时夹紧力的方向

2.用压板装夹切断工件

加工大型工件及板料时,多采用压板装夹工件,压板的压紧点应尽可能靠近铣刀的切削位置,压板下的垫铁应略高于工件。有条件的工件可用定位靠铁定位,装夹前先校正定位靠铁与主轴轴线平行(或垂直)。工件的切缝应选在 T 形槽上方,以免铣伤工作台台面。

切断薄而长的工件时可在工件和压板之间加一块较厚的衬铁,以增加工件的刚度。

另外切断薄而长的工件时多采用顺铣,使垂直方向铣削分力指向工作台面,装夹时就不需要太大的夹紧力,并可防止因铣削分力向上而产生工件的振动和变形,如图 7.44 所示。

三、切断技能训练

如图 7.45 所示是压板坯料零件图,材料 45 钢,来源于 25 mm 热轧板,技能训练下料。

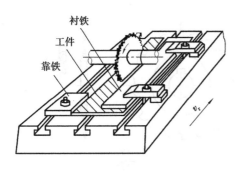

图 7.44 用压板装夹工件

1.选择铣刀

选择 X6132 型卧式铣床,检查铣床工作台的零位是否准确,以防工作台进给方向与铣床主轴轴线不垂直而折断铣刀。

选择锯片铣刀。为避免刀杆与工件相撞,铣刀直径 D 至少应满足 $D > d + 2t$,由于图 7.45 中的板料厚度 $t = 25$ mm,故可选择 100 mm × 3 mm ×27 mm(垫圈外径 d 约为 40 mm)的粗齿锯片铣刀。

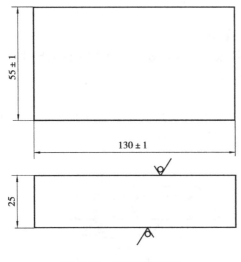

图 7.45 压板坯料零件

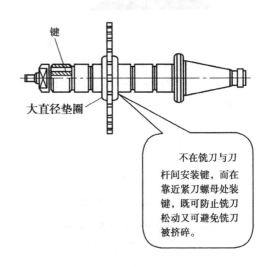

不在铣刀与刀杆间安装键,而在靠近紧刀螺母处装键,既可防止铣刀松动又可避免铣刀被挤碎。

图 7.46 锯片铣刀安装

本任务所切断的板料较大,需用压板、螺钉装夹;或在铣刀两端面用加大垫圈时,为避免刀杆与压板、螺钉或工件相碰,则需选择直径更大的铣刀。

2.安装锯片铣刀

锯片铣刀的直径大而厚度薄,刚性较差,强度较低。受弯、扭载荷时,铣刀极易碎裂、折断。安装锯片铣刀时应注意以下几点:

(1)安装锯片铣刀时,不要在刀杆与铣刀间装键。铣刀坚固后,依靠刀杆垫圈与铣刀两侧端面间的摩擦力带动铣刀旋转。

(2)在靠近紧刀螺母的垫圈内装键,可以有效防止铣刀松动,如图 7.46 所示。

(3)安装大直径锯片铣刀时,应在铣刀两端面用大直径的垫圈,以增大其刚性和摩擦力,使铣刀工作更加平稳。

(4)为增强刀杆的刚性,锯片铣刀应尽量靠近主轴或挂架安装。

(5)锯片铣刀安装后,应保证刀齿的径向和端面圆跳动不超过规定值方可使用。

3.装夹工件

根据图 7.45 尺寸要求,下料过程通常分两步进行。第一步先将较大的板料在工件台上用压板、螺钉装夹,切割成宽 55 mm 的长条状半成品;第二步再用平口钳装夹,切割成 55 mm ×

130 mm 的矩形工件。

4. 工件切断

（1）切断时应尽量采用手动进给，进给速度要均匀，如图 7.47 所示。

（2）若需要采用机动进给时，铣刀切入或切出还需用手动进给，进给速度不宜太快，并将不使用的进给机构锁紧。

（3）切削钢件时应充分浇注切削液。

图 7.47 工件的切断

（4）切断工件时，为增加同时参与切削的铣刀齿数，减小冲击力，防止打刀，应使铣刀圆周刃尽量与工件底面相切，或稍高于底面，如图 7.48 所示，即铣刀刚刚切透工件。

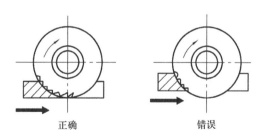

正确　　　　　　　错误

图 7.48 切断时铣刀圆周刃尽量与工件底面相切

（5）铣刀用钝后应及时更换或刃磨，不允许使用磨钝的铣刀进行切断。

（6）采用手动进给并密切观察铣削过程，若有异常，应先立即停止工作台进给，再停止主轴旋转，然后退出工件。

5. 工件检测

检测压板毛坯零件的尺寸时，一般不允许用游标卡尺而应用钢直尺进行检测。

四、防止切断铣刀折断的措施

（1）保持锯片铣刀刃口锋利，不能使两侧刀尖明显磨损。尤其不能用两侧刀尖磨损不均匀的锯片铣刀来切断工件，否则会因两侧受力不平衡而造成铣刀折断。

（2）校正万能铣床工作台的"零位"，否则容易把锯片铣刀扭碎，这是锯片铣刀折断的主要原因之一。

（3）锯片铣刀的直径不应选择得太大，只要能切断工件即可。

（4）在切断较薄的工件时，使锯片铣刀的外圆恰好与工件底面相切，或稍高于底面（<0.5 mm）。这样铣刀与工件的接触角大，同时工作的齿数多，且垂直分力小，则铣削平稳，

振动小,不易造成打刀现象。此时,切断处下面不应在 T 形槽上,而应在实体上面。

（5）操作者要密切注意观察铣削过程,发现铣刀因夹持不紧或铣削力过大而产生停刀现象时,应先停止工作台的进给,再停止主轴转动。

（6）改进锯片铣刀的结构及几何角度,提高其切削性能。

（7）在切断韧性金属材料时,应充分浇注切削液。

想一想

（1）锯片铣刀和切口铣刀的厚度自圆周向中心凸缘_____。

　　　A.逐渐增厚　　　　　　　B.平行一致　　　　　　　C.逐渐减薄

（2）为了减小振动,避免锯片铣刀折损,切断时通常应使铣刀外圆_____。

　　　A.尽量高于工件底面　　B.尽量低于工件底面　　　C.略高于工件底面

（3）切断用的铣刀有哪些特点?

（4）通常采用哪些措施来避免锯片铣刀的折损?

项目八　特形沟槽的铣削

项目内容

（1）铣 V 形槽；
（2）铣 T 形槽；
（3）铣燕尾槽；
（4）铣半圆键槽。

项目目的

（1）掌握 V 形槽铣削的方法和加工步骤；
（2）掌握 V 形槽的检测方法；
（3）掌握 T 形槽铣削的方法和加工步骤；
（4）掌握燕尾槽铣削的方法和加工步骤；
（5）掌握间接测量燕尾槽宽度的方法；
（6）掌握半圆键槽铣削的方法和加工步骤；
（7）掌握间接测量半圆键槽深度的方法。

项目实施过程

任务一　铣 V 形槽

V 形槽广泛应用于机床夹具中,机床的导轨也有用 V 形槽的结构形式。如图 8.1 所示是具有 V 形槽的 V 形架。

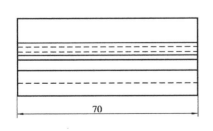 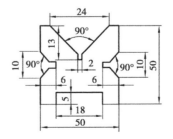

图 8.1　V 形架

V 形架上 V 形槽两侧面间的夹角有 60°,90°,120°之分,其中以 90°的 V 形槽最为常用。不论是哪种角度的 V 形槽,其铣削原理实际上就是两个不同角度斜面的组合,所以其铣削的方法与铣削斜面的方法是相同的。只是其技术要求、复杂程度有所不同。

一、V形槽的主要技术要求

（1）V形槽的中心平面应垂直于长方体的基准面（底面）。

（2）V形槽的两侧面应对称于V形槽中心平面。

（3）V形槽窄槽两侧应对称于V形槽中心平面,窄槽槽底应略超出V形槽两侧面的延长交线。

二、V形槽铣削的步骤和方法

1. V形槽铣削的步骤

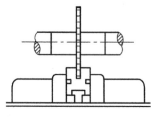

图8.2　铣窄槽

（1）平口钳的安装找正。固定钳口与横向工作台平行或垂直。

（2）工件的安装找正。工件的基准面应与工作台横向进给方向平行或垂直。

（3）铣窄槽,如图8.2所示。

（4）铣V形面。

提示

窄槽的作用:一是使刀尖不担任切削工作。因铣刀的刀尖强度最弱,容易损坏,有了窄槽后,有利于提高刀具的耐用度。二是能更好地保证被装夹工件与V形面紧密贴合。

2. V形槽铣削的方法

铣削V形槽常用的方法如下:

（1）用角度铣刀铣削V形槽。槽夹角小于或等于90°的V形槽,一般采用与其角度相同的对称双角铣刀在卧式铣床上铣削,如图8.3所示。工件的基准面应与工作台横向进给方向垂直。

V形槽也可用一把单角铣刀来铣削。铣削过程中,需将工件转180°后铣另一面,此法虽找正较费时,但能获得较好的对称度。把铣刀翻身装夹后也可铣另一面,但比翻工件要费时,而且要重新对刀,对称度也较差。

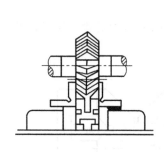

图8.3　用角度铣刀铣削V形槽

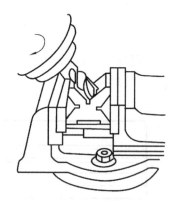

图8.4　用立铣刀铣削V形槽

（2）用立铣刀或端铣刀铣削V形槽。槽夹角大于或等于90°、尺寸较大的V形槽,可在立式铣床上调转立铣头,按槽角角度的1/2倾斜立铣头,用立铣刀或端铣刀对槽面进行铣削,如图8.4所示。

铣削前,应先铣出窄槽,然后调转立铣头,用立铣刀铣削 V 形槽。铣完一侧 V 形面后,将工件松开调转 180° 后夹紧,再铣另一侧 V 形面。也可以将立铣头反方向调转角度后铣另一侧 V 形面。铣削时,工件的基准面应与工作台横向进给方向平行。

(3)用三面刃铣刀铣削 V 形槽。槽夹角大于 90°、工件外形尺寸较小、精度要求不高的 V 形槽,可在卧式铣床上用三面刃铣刀进行铣削。

铣削时,先按图样在工件表面划线,再按划线校正 V 形槽的待加工槽面与工作台面平行,然后用三面刃铣刀(最好是错齿三面刃铣刀)对 V 形槽面进行铣削。铣完一侧槽面后,重新校正另一侧槽面并夹紧工件,将槽面铣削成形,如图 8.5 所示。

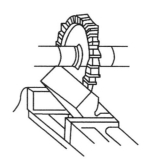

若槽角等于 90°,且尺寸不大的 V 形槽,则可一次装夹铣削成形。

图 8.5　用三面刃铣刀铣 V 形槽

三、V 形槽的检验

在 V 形槽的铣削过程中,需通过检测来进行相应的铣削调整,并通过最终的检测来判定工件是否合格。V 形槽的检测项目主要有:V 形槽宽度 B,V 形槽槽角 α 和 V 形槽对称度。

1. V 形槽宽度 B 的检测

(1)用游标卡尺直接测量槽宽度 B,测量简便,但检测精度差。

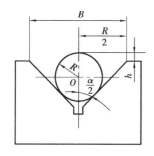

图 8.6　用标准量棒间接
测量槽宽 B

(2)用标准量棒间接测量槽宽度 B,测量精度较高,如图 8.6 所示。测量时,先间接测得尺寸 h,然后根据式(8.1)计算得出 V 形槽宽度 B。

$$B = 2\tan\frac{\alpha}{2}\left[\frac{R}{\sin\frac{\alpha}{2}} + R - h\right] \qquad (8.1)$$

式中　R——标准量棒半径,mm;

　　　　α——V 形槽槽角,(°);

　　　　h——标准量棒上母线至 V 形槽上平面的距离,mm。

2. V 形槽槽角 α 的检测

(1)用万能角度尺测量槽角 α。如图 8.7 所示,用万能角度尺检测槽半角 $\alpha/2$ 时,只要准确检测出角度 A 或 B,即可间接测出 V 槽槽半角 $\alpha/2$,即:

$$\alpha/2 = 180° - A \quad \text{或} \quad \alpha/2 = 180° - B$$

(2)用标准量棒间接测量槽角 α。此法测量精度较高,如图 8.8 所示,测量时,先后用两根不同直径的标准量棒进行间接测量,分别测得尺寸 H 和 h,然后根据式(8.2)计算,求出槽角的实际值。

$$\sin\frac{\alpha}{2} = \frac{R - r}{(H - R) - (h - r)} \qquad (8.2)$$

式中　R——较大标准量棒的半径,mm;

　　　　r——较小标准量棒的半径,mm;

　　　　H——较大标准量棒上母线至 V 形底面的距离,mm;

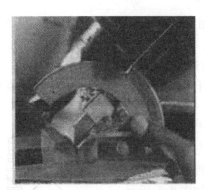
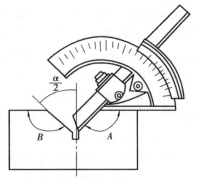

图8.7　用万能角度尺测量槽角 α

h——较小标准量棒上母线至 V 形底面的距离，mm。

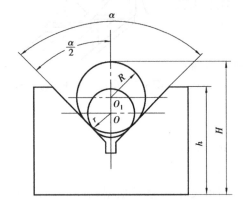

图8.8　用标准量棒间

接测量槽角 α

3.V 形槽对称度的检测

测量时，V 形槽内放一标准量棒，分别以 V 形架两侧面为基准，放在平板平面上，用杠杆百分表测量量棒最高点，若两次测量的读数相同，则 V 形槽的中心平面与 V 形架中心重合（对称）；两次测量读数之差，即为对称度误差，如图8.9 所示。

四、V 形槽铣削的技能训练

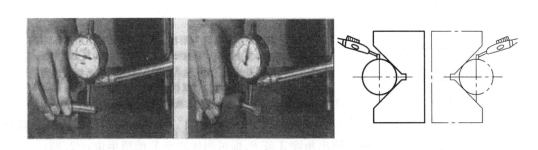

1.确定加工步骤　　　　图8.9　V 形槽对称度的检测

如图 8.10 所示，六面体上道工序已加工好，本练习只加工 V 形面。选择在卧式铣床上加工窄槽，在立式铣床上调整立铣头加工 V 形槽。

2.铣窄槽（如图8.11 所示）

（1）夹具的安装和校正。用平口钳装夹，找正固定钳口与纵向工作台平行。

（2）工件的装夹和找正。

（3）选择铣刀。选用 80 mm×4 mm×22 mm 的锯片铣刀。

（4）调整铣削用量。$n = 95$ r/min，手动进给铣削窄槽。

112

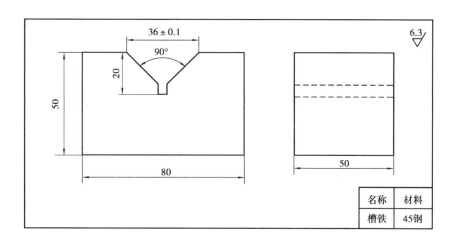

图 8.10　V 形槽铣削图样

图 8.11　铣窄槽

图 8.12　用立铣刀铣 V 形面

3. 铣 V 形面(如图 8.12 所示)

(1)夹具的安装和校正。用平口钳装夹,找正固定钳口与横向工作台平行。

(2)工件的装夹和找正。基准面与纵向工作台面平行。

(3)选择铣刀。选用 ϕ40 mm 立铣刀。

(4)立铣头扳角度 θ = 45°。

(5)调整铣削用量。

(6)对刀。

(7)粗铣 V 形面一侧。

(8)工件翻转 180°装夹。

(9)粗铣 V 形面另一侧。

(10)检测。用测量棒测得 V 形槽宽度的实际尺寸。

(11)精铣 V 形面一侧。

(12)工件翻转 180°装夹。

(13)精铣 V 形面另一侧。

4. 检验

按要求对 V 形槽宽度、V 形槽槽角、V 形槽对称度进行检验。

五、V 形槽铣削的质量分析

1.尺寸公差超差的原因

（1）测量不准确。

（2）工作台移动尺寸不准。

（3）立铣刀有锥度或立铣头扳转角度不准确,使 V 形角度超差。

2.形位公差超差原因

（1）六面体本身形位误差超差。

（2）台虎钳校正不准。

3.表面粗糙度不符合要求原因

（1）铣刀磨损变钝。

（2）切屑排除不畅,有阻塞。

（3）铣削用量选择不当。

（4）铣削时有振动。

（5）切削液浇注不够充分。

想一想

（1）铣削 V 形槽时为什么要先铣削中间的窄槽?

（2）在铣削 V 形槽的过程中,铣好一侧后为什么要将工件调转 180°再重新装夹?

提示

（1）V 形槽对称中心处的加工余量是最大的,而无论采用哪种铣削方法铣削 V 形槽,用于切削这一部分余量的恰恰是铣刀上强度最差的刀尖部分。在铣削 V 形槽时,若先铣好中间的窄槽,那么在铣削 V 形槽时就可使铣刀的刀尖不再切削,这样就可以避免铣刀刀尖的折损。

（2）在铣削 V 形槽的过程中,铣好一侧后将工件调转 180°的目的是为了保证工件两侧面与铣出的 V 槽的中心平面对称。

当工件尺寸较小时,可将平口钳固定钳口与工作台横向进给校正平行,将工件基准侧面与平口钳的固定钳口贴合,铣好一侧后将工件调转 180°,只要不变动工件的定位高度及纵向位置即可铣出对称的 V 形槽。

需要注意的是:若工件铣削时采用的是固定钳口与工作台纵向进给平行的装夹方法,为了确保工件调转 180°后的纵向位置不变,装夹时应采用测量或定位块定位的方法来加以保证。

任务二 铣 T 形槽

在机械制造行业中,T 形槽多见于机床(铣床、牛头刨床、平面磨床等)的工作台或附件上,主要用在与配套夹具的定位和固定。T 形槽的参数已标准化。如图 8.13 所示为带有 T 形槽的工件。T 形槽由直槽和底槽组成,其底槽的两侧面平行于直槽,根据使用要求分基准槽和固定槽。基准槽的尺寸精度和形状、位置要求比固定槽高。

一、T 形槽的主要技术要求

（1）T 形槽直槽宽度尺寸精度,基准槽为 IT8 级,固定槽为 IT12 级。

（2）基准槽的直槽两侧面应平行(或垂直)于工件的基准面。

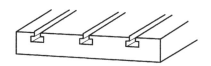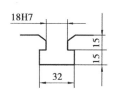

图 8.13　带有 T 形槽的工件

（3）底槽的两侧面应基本对称于直槽的中心平面。

（4）直槽两侧面的表面粗糙度值,基准槽为 $R_a2.5\ \mu m$,固定槽为 $R_a6.3\ \mu m$。

二、T 形槽的铣削方法

加工如图 8.14 所示带有 T 形槽的工件,装夹时,使工件侧面与工作台进给方向一致。

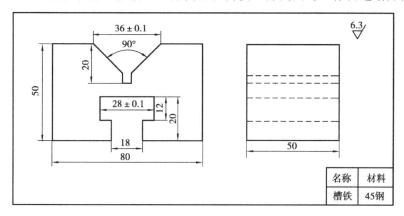

图 8.14　铣 T 形槽图样

铣 T 形槽的步骤如下:

1. 铣直角槽

在立式铣床上用立铣刀（或在卧式铣床上用三面刃盘铣刀）铣出一条宽 18 mm、深 20 mm 的直角槽,如图 8.15 所示。为减小 T 形铣刀端面与槽底的摩擦,也可以使直槽略深一些。

2. 铣 T 形槽

T 形槽的底槽铣削需用专用的 T 形槽铣刀,如图 8.16 所示。

T 形槽铣刀应按直槽宽度尺寸（即 T 形槽的基本尺寸）选择。现选择柄部直径为 20 mm,颈部直径为 16 mm,切削部分厚度为 12 mm、直径为 28 mm 的 T 形槽铣刀。

把 T 形槽铣刀的端面调整到与直角槽底相接

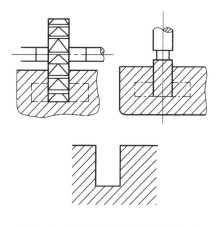

图 8.15　铣削 T 形槽直通槽的方法

触,然后开始铣削。铣削过程中,要经常退刀,并及时清除切屑,选用的切削用量不宜过大,以防铣刀折断。铣削钢件时,还应充分浇注切削液,使热量及时散发。如图 8.17 所示。

115

图 8.16　T 形槽铣刀　　　　　　　　图 8.17　铣削 T 形槽的底槽

3. 槽口倒角

如果 T 形槽在槽口处有倒角，可拆下 T 形槽铣刀，装上角度铣刀或用旧的立铣刀修磨的专用倒角铣刀为槽口倒角，如图 8.18 所示。倒角时应注意两边对称。

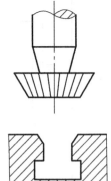

图 8.18　铣削槽口倒角

4. T 形槽的检测

进行 T 形槽检测时，槽的宽度、槽深以及底槽与直槽的对称度可用游标卡尺测量。其直槽对工件基准面的平行度可在平板上用杠杆百分表进行检测。

三、铣 T 形槽应注意的事项

（1）用 T 形槽铣刀切削时，切削部分埋在工件内，切屑不易排出，容易把容屑槽填满（塞刀）而使铣刀失去切削能力，致使铣刀折断，因此，应经常退刀，及时清除切屑。

（2）T 形槽铣刀的颈部直径较小，要注意防止因铣刀受到过大的铣削力和突然的冲击力而折断。

（3）由于排屑不畅，切削时热量不易散失，铣刀容易发热，在铣钢件时，应充分浇注切削液。

（4）T 形槽铣刀不能用得太钝，钝的刀具其切削能力大为减弱，铣削力和切削热会迅速增加，所以用钝的 T 形槽铣刀铣削是铣刀折断的主要原因之一。

（5）T 形槽铣刀在切削时工作条件较差，所以要采用较小的进给量和较低的速度。但铣削速度不能太低，否则会降低铣刀的切削性能和增加每齿的进给量。

想一想

（1）铣削 T 形槽时，首先应加工_____。

　　A.直槽　　　　　　B.底槽　　　　　　C.倒角

　　(2)在铣削 T 形槽时,通常可将直槽铣得_____,以减小 T 形铣刀端面摩擦,改善切削条件。

　　A.比底槽略浅些　　B.与底槽接平　　C.比底槽略深些

　　(3)T 形槽铣削加工中产生铣刀折断的原因是什么?

　　(4)怎样铣不穿通的 T 形槽?

提示

铣削不穿通的 T 形槽时,应先在 T 形槽的端部钻落刀孔,如图 8.19 所示。孔的直径略大于 T 形槽铣刀切削部分的直径,深度应大于 T 形槽的深度,以使 T 形槽铣刀能够方便地进入或退出。在直槽铣完后,再铣削 T 形槽的底槽,并为槽口倒角。

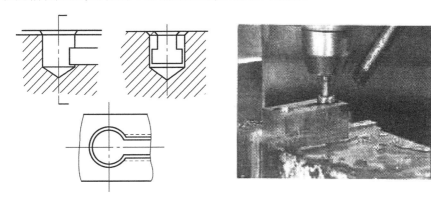

图 8.19　铣不穿通的 T 形槽

任务三　铣燕尾槽

一、燕尾槽的工艺要求

燕尾结构由配合使用的燕尾槽和燕尾组成,是机床上导轨与运动副间常用的一种结构方式,如图 8.20 所示。

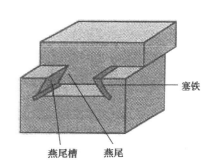

塞铁

燕尾槽　燕尾

图 8.20　燕尾槽和燕尾

由于燕尾结构的燕尾槽和燕尾之间有相对的直线运动,因此对其角度、宽度、深度应具有较高的精度要求。尤其对其斜面的平面度要求更高,且表面粗糙度 Ra 值要小,如图 8.20 所示

V形架上燕尾槽的角度为 60°。此外,燕尾槽的角度还有 45°,50°,55°等多种,其中常用的为55°和 60°。

高精度的燕尾机构,将燕尾槽与燕尾一侧的斜面制成与相对直线方向倾斜,即带斜度的燕尾机构,配以带有斜度的塞铁,可进行准确的间隙调整,如铣床的纵向和升降导轨都是采用这一结构形式。

二、燕尾槽的铣削方法

有燕尾槽和燕尾块的零件,其加工方法和步骤与加工 T 形槽基本相同。

第一步:用立铣刀或端铣刀铣直角槽或台阶,如图 8.21(a)所示。槽深预留余量 0.5 mm。

第二步:用燕尾槽铣刀铣燕尾槽,如图 8.21(b)所示。由于铣刀刀尖处的切削性能和强度都很差。为减小切削力,应采用较低的切削速度和进给速度,并及时退刀排屑。铣削应分粗铣和精铣两步进行。若是铣削钢件,还应充分浇注切削液。

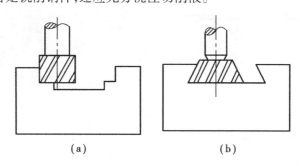

（a）　　　　　　　　　（b）

图 8.21　燕尾槽铣削

三、燕尾槽的检验

燕尾槽和燕尾块在配合时,有的中间还有一块塞铁,此时对宽度的要求一般不会很高,可以用万能角度尺和游标卡尺等通用量具来测量检验。测量时,先用万能角度尺和深度千分尺检验槽的角度和深度,如图 8.22 所示。

图 8.22　用万能角度尺和深度千分尺检验槽的角度和深度

当宽度要求较高时,可用检验用圆柱辅助测量,测量方法如下:

在槽内放两根圆柱,用游标卡尺或千分尺量出圆柱之间的尺寸,再计算出燕尾槽的宽度,如图 8.23 所示。

检验燕尾槽的最小宽度 A 的公式为:

$$A = M + d\ (\ 1 + \cot \alpha/2\ )\ -2H \cot \alpha \tag{8.3}$$

式中　*A*——燕尾槽的最小宽度,mm;

　　　M——两圆柱测量面之间的距离,mm;

　　　α——燕尾槽和燕尾块的角度,(°);

　　　H——燕尾槽深度,mm;

　　　d——检验用圆柱直径,mm。

检验燕尾槽最大宽度 *B* 的公式为

$$B = M + d\ (\ 1 + \cot \alpha/2\ )\quad 或\quad B = A + 2H \cot \alpha \tag{8.4}$$

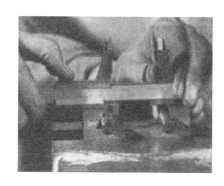 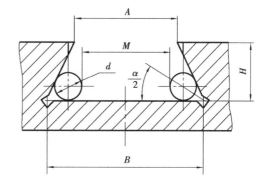

图 8.23　燕尾槽的检验

例　用深度游标卡尺已测得55°燕尾槽的深度是 40 mm,用直径为 30 mm 的圆柱间接检验,用游标卡尺量得圆柱之间的尺寸是 28.40 mm,求燕尾槽槽口的宽度。

解:$A = M + d\ (\ 1 + \cot \alpha/2\ ) - 2H \cot \alpha$

　　　$= 28.40 + 30\ (\ 1 + \cot 55°/2\ ) - 2 \times 40 \times \cot 55°$

　　　$= 60.03(\text{mm})$

四、燕尾槽铣削的技能训练

1. 题意

加工如图 8.24 所示的燕尾槽,用平口钳装夹工件,在立式铣床上加工。

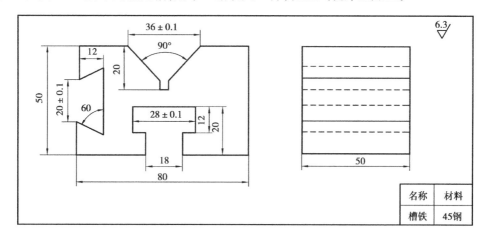

图 8.24　燕尾槽铣削图样

2. 铣削步骤

（1）安装、校正平口钳,装夹工件。

（2）铣直角槽。选择直径为 18 mm 的立铣刀,铣直角槽至尺寸 20 mm,槽深预留余量0.5 mm。

（3）粗铣燕尾槽。选择直径为 30 mm、角度为 60°的燕尾槽铣刀。开动主轴,调整工作台使铣刀齿与原直通槽底相切,按划线调整纵向位置留 0.5 mm 左右余量,横向进给先铣出燕尾槽一侧;再调整位置铣出另一侧,如图 8.25 所示。

图 8.25 燕尾槽的铣削

（4）检测燕尾槽。检测燕尾槽宽度时,先测出两个标准量棒之间的距离,再通过公式计算出实际的燕尾槽宽度尺寸。

（5）精铣燕尾槽。根据用量棒间接测得的实际尺寸,调整工件的精加工铣削用量,完成燕尾槽的铣削。

五、燕尾槽铣削时的注意事项

（1）铣燕尾槽时,工作条件与铣 T 形槽相同,而燕尾槽铣刀刀尖处的切削性能和强度都很差,铣削时需要特别谨慎,要及时排屑,充分浇注切削液。

（2）铣直角槽时,槽深可留 0.5～1 mm 的余量,留待在铣燕尾槽时同时铣成槽深,以使燕尾槽铣刀工作平稳。

（3）铣削燕尾槽应粗铣、精铣分开,以提高燕尾斜面的表面质量。

想一想

（1）当燕尾槽的宽度要求较高时,通常用_____测量。

　　A. 内径百分尺直接　　　　　B. 样板比较　　　　　C.标准量棒和量具配合

（2）如图 8.25 所示燕尾槽的槽底宽度应为多少?若采用两根直径为 8 mm 的标准量棒检测,测得的内侧尺寸应为多少?

任务四　铣半圆键槽

半圆键连接(如图 8.26 所示)也是用键侧面实现周向固定并传递转矩的一种键连接。半圆键在轴槽中能绕自身几何中心沿槽底圆弧摆动,以适应轮毂上键槽的配合要求。常用于轻载或辅助性连接,特别适用于轴端处。其特点是制造容易,装拆方便。

一、半圆键槽铣削加工的基本要求

半圆键槽是键槽的一种形式,也是特形沟槽的基本类型之一。半圆键槽的铣削加工基本要求如下：

（1）尺寸精度要求。包括键槽的宽度和深度等。

（2）位置精度要求。与平键槽相同，半圆键槽具有对称工件轴线的要求，同时，在轴向位置具有与基准面的位置尺寸精度要求。

（3）半圆键槽与半圆键配合后联接轴套类零件，因此侧面具有较高的表面粗糙度要求，以保证键块与键槽的配合精度。

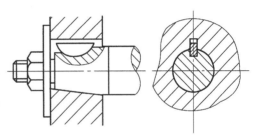

图 8.26 半圆键连接

半圆键槽的宽度尺寸精度要求较高，表面粗糙度值要求小，其两侧对称并平行于工件的轴线。

二、铣削半圆键槽

1. 半圆键槽铣削加工准备

铣削加工如图 8.27 所示的半圆键槽零件，须按以下步骤进行加工准备。

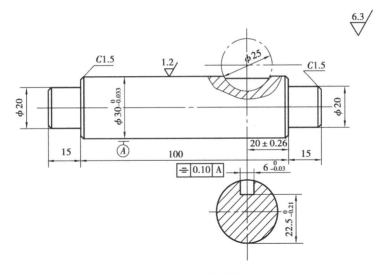

图 8.27 半圆键槽零件

（1）识读图样。识读图样，得：

①半圆键槽的宽度为 $6_{-0.03}^{0}$ mm，键槽的深度用槽底至下素线的尺寸 $22.5_{-0.21}^{0}$ mm 标注，槽底圆弧直径为 $\phi25$ mm。

②半圆键槽中心至工件台阶面的尺寸为（20 ± 0.26）mm，键槽对工件轴线的对称度公差为 0.10 mm。

③预制件为阶梯轴，中部轴直径为 $\phi30_{-0.033}^{+0}$ mm，长度为 100 mm；两轴端尺寸为 $\phi20$ mm × 15 mm。

④键槽加工面表面粗糙度值为 $R_a6.3$ μm，在铣床上铣削加工能达到要求。

⑤工件材料为 45 钢，切削性能较好。

⑥工件外形是阶梯轴零件，中部光轴可用于装夹工件。

（2）选择铣削加工方法和步骤。根据图样的精度要求,应选择在卧式铣床上用半圆键槽铣刀铣削加工。半圆键槽加工步骤如下:

①检验预制件;

②选择或制作简易夹具;

③安装半圆键槽铣刀;

④安装找正夹具和装夹工件;

⑤对刀;

⑥铣削半圆键槽;

⑦半圆键槽铣削工序检验。

（3）选择铣床。选用 X6132 型卧式铣床或类同的卧式铣床。

（4）选择工件装夹方式。工件以中间外圆柱面定位装夹,因半圆键槽铣刀柄直径小,而安装铣刀的夹头体螺母直径比较大,因而须使用简易专用夹具装夹工件,如图 8.28 所示。工件在简易夹具的 V 形槽内定位,用螺栓压板夹紧。简易夹具可直接安装在工作台面上,也可以装夹在机用虎钳内。本例将简易夹具安装在机用虎钳内,找正夹具侧面基准与工作台纵向平行。在工件表面划出轴向位置线。划线时,可将工件插装在工作台面的 T 形槽直槽内,台阶环形面与工作台面贴合,然后用游标高度划线尺按 20 mm 划出半圆键槽轴向位置线。装夹时,将工件放置在 V 形槽内,压板的压紧点尽可能靠近半圆键加工位置,压板垫块的高度应使压板大致水平,压板不要超出简易夹具的基准侧面,只要超过工件的中心即可。

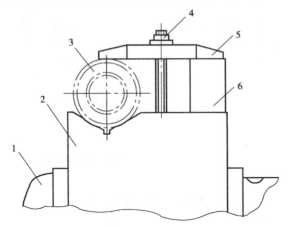

图 8.28　铣削半圆键槽轴类零件简易夹具
1—机用虎钳;2—夹具体;3—工件;4—螺栓螺母;5—压板;6—垫块

（5）选择和安装铣刀。根据图样给定键的基本尺寸,选择直径为 26.5 mm,宽 6 mm 的标准半圆键槽铣刀。根据半圆键槽铣刀的柄部直径,选用弹性套和夹头体安装铣刀,铣刀伸出部分应尽可能短,只要铣削时夹头体的螺母与简易夹具的基准侧面不接触即可。本例槽宽的精度要求比较高,因此须用千分尺测量铣刀的宽度是否是在 5.962 ~ 5.980 mm,还需用百分表测量铣刀的端面圆跳动误差应在 0.02 mm 以内,找正的方法与找正三面刃铣刀的方法相似。

（6）选择检验测量方法。半圆键槽的测量方法与平键键槽的测量方法基本相同,在测量槽的深度尺寸时,可借助小于或等于铣刀半径的键块进行测量。

（7）选择和调整铣削用量。按工件材料、表面粗糙度要求和铣刀参数,现调整主轴转速 $n = 190$ r/min,采用手动进给。

2. 半圆键槽铣削加工操作步骤

（1）对刀。分为两种情况:

①键槽轴向位置纵向对刀时,目测使刀具宽度对称工件中心,工件上轴向位置划线对准刀具中心,锁紧纵、横向,缓缓上升工作台,在工件表面铣出切痕,目测切痕是否对称划线,若有偏差,微量调整工作台纵向,直至切痕对称键槽轴向位置划线。

②横向与垂向对刀。与用三面刃铣刀铣削直角沟槽切痕对刀方法完全相同。

（2）半圆键槽铣削加工。锁紧工作台纵、横向,起动机床,移动工作台垂向,缓缓进给,铣削时注意铣刀的振动情况,因半圆键槽铣削时切削面积愈来愈大,因此进给速度可逐步减慢。为了改善散热条件,要充分浇注切削液。本例的垂向按表面对刀记号再上升的尺寸是 30 mm − 22.6 mm = 7.4 mm。工作台上升到槽底位置时,可以空转片刻,然后停机下降工作台使工件退离铣刀。

3. 半圆键槽的检验与常见质量问题及其原因

（1）半圆键槽铣削加工的检验。其检验内容和方法为:

①半圆键槽的对称度、宽度测量方法与普通键槽相同。

②半圆键槽的轴向位置用游标卡尺检验,测量时先测出槽口轴向长度尺寸 S_1,然后测出一侧槽口与基准端面的尺寸 S_2,即可计算半圆键槽的轴向位置 S,如图 8.29（b）所示。

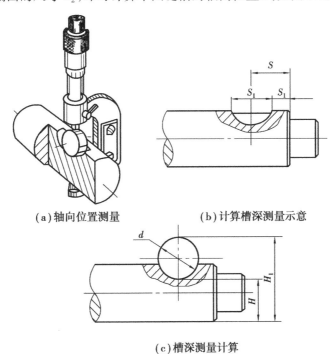

（a）轴向位置测量　　　　**（b）计算槽深测量示意**

（c）槽深测量计算

图 8.29　半圆键槽检验测量计算

本例若测得 $S_1 = 24.90$ mm　　$S_2 = 7.50$ mm

$$S = S_1/2 + S_2 = 24.90 \text{ mm}/2 + 7.50 \text{ mm} = 19.95 \text{ mm}$$

符合图样要求。

③半圆键槽的深度借助键块测量，如图 8.29（a）所示，键块的直径尺寸应小于铣刀直径。测量时测得键块的直径尺寸 d 和尺寸 H_1，便可通过计算得出尺寸 H，如图 8.29（c）所示。

本例若测得键块直径 $d = 26.05$ mm $H_1 = 48.50$ mm 则

$$H = H_1 - d = 48.50 \text{ mm} - 26.05 \text{ mm} = 22.45 \text{ mm}$$

符合图样要求。

（2）半圆键槽铣削加工常见的质量问题及其原因。

半圆键槽铣削加工常见的质量问题及其原因有：

①键槽宽度尺寸超差的主要原因可能有：选择铣刀时，宽度尺寸测量不准确；铣刀安装后，端面圆跳动误差大；进给速度比较快，使铣刀发生偏让等。

②半圆键槽深度、轴向位置和对称度超差原因，与用三面刃铣刀铣削直角沟槽时的主要原因类似。

③半圆键槽铣刀折断的原因，可能有：铣削速度选择不恰当；进给时有冲击；铣削时没有冲注切削液；工作台未锁紧等。

想一想

（1）半圆键槽铣刀的直径_____半圆键的直径。

    A. 略大于   B. 等于   C. 略小于

（2）半圆键槽铣削过程中，铣削量_____。

    A. 保持不变   B. 逐渐增大   C. 逐渐减小

（3）怎样检验半圆键槽深度？

项目九　分度方法

项目内容

（1）认识万能分度头；

（2）直接分度法和简单分度法；

（3）角度分度法；

（4）差动分度法；

（5）直线移距分度法。

项目目的

（1）了解万能分度头的功用；

（2）了解万能分度头的结构；

（3）掌握常用万能分度头装夹工件的方法；

（4）了解分度头的分度原理；

（5）掌握常用的分度方法。

项目实施过程

任务一　认识万能分度头

分度头是铣床的主要附件,若铣削花键、齿轮、离合器、铰刀、铣刀、麻花钻头等,都需用分度头圆周分度,才能铣出等分的齿槽。通常在铣床上使用的分度头,有等分分度头（直接分度头）、简单分度头、自动分度头和万能分度头。其中,以万能分度头使用最广泛。

一、万能分度头的功用、型号、结构

1. 万能分度头有以下功用

（1）使工件绕本身的轴线进行圆周分度（等分或不等分）。

（2）可把工件轴线装夹成水平、垂直或倾斜的位置。

（3）可通过挂轮,使分度头主轴随纵向工作台的纵向进给运动作等速连续旋转,用以铣削螺旋槽或等速凸轮。

2. 万能分度头的型号

万能分度头的型号用下列方式表示:

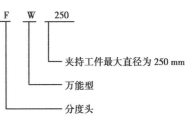

万能分度头的规格通常用夹持工件的最大直径表示，常用的规格有：200 mm，250 mm，320 mm等，即 FW200，FW250，FW320 三种。这三种分度头的传动原理都相同，其外形结构也基本相同。

3. 万能分度头的结构

FW250 型分度头是铣床上应用最普遍的一种万能分度头，其外形如图 9.1 所示。分度头主轴是空心的，两端均为莫氏 4 号锥孔，前锥孔用来安装带有拨盘的顶尖，后锥孔可装入心轴，作差动分度或作直线移距分度时安装交换齿轮用。主轴的前端外部有一段定位锥体，用来安装三爪自定心卡盘的连接盘。

主轴可随回转体在分度头基座的环形导轨内转动。因此，主轴除安装在水平位置外，还能俯仰旋转倾斜出 −6° ～ +90° 的角度，调整角度前应松开基座上部靠主轴后端的两个螺母，调整之后再予以紧固。主轴的前端还固定一刻度盘，可与主轴一起旋转。刻度盘上有 0° ～ 360° 的刻度，可以用来作直接分度。

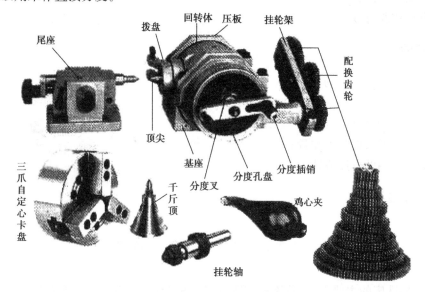

图 9.1　FW250 型分度头及其附件

二、万能分度头的附件

通常万能分度头还配有三爪自定心卡盘、尾座、顶尖、拨盘、鸡心夹、千斤顶、挂轮轴、挂轮架及配换齿轮、心轴等附件，如图 9.1 所示。

1. 三爪自定心卡盘

三爪自定心卡盘用连接盘安装在分度头主轴上，用于夹持工件。

2. 尾座

尾座上的后顶尖与分度头上的三爪自定心卡盘共同夹持工件（或挂轮轴）。转动尾座手轮，可使后顶尖进出移动，以便装卸工件。后顶尖可以倾斜一个不大的角度，顶尖的高低也可调整。在尾座的底座下有两个定位键，用于保持后顶尖轴线与纵向进给方向一致，并和分度头轴线在同一直线上。

3. 千斤顶

千斤顶用于加工较细长的工件时作辅助支承以增大细长工件的加工刚性。转动螺母可使螺杆上下移动,锁紧螺钉可以紧固螺杆。

4. 顶尖、拨盘、鸡心夹

顶尖、拨盘、鸡心夹用于支顶和装夹较长工件,同时通过拨盘和鸡心夹的作用带动工件完成分度运动。

5. 挂轮轴

挂轮轴用于安装交换齿轮,以此来完成差动分度,实现螺旋槽或凸轮的铣削工作。

6. 挂轮架及配换齿轮

分度头上的挂轮架及配换齿轮是用于差动分度及铣螺旋等工件的。通常用于分度头上的配换齿轮是成套的。FW250 分度头有一套齿数是 5 的倍数的配换齿轮,即 25,25,30,35,40,50,55,60,70,80,90,100 齿的共 12 只齿轮。

7. 心轴

心轴是用于支承和装夹有孔工件的。经常使用的心轴有以下两种:

(1)有挡肩的心轴。

(2)带锥柄和挡肩的心轴。

三、分度头的传动系统

分度头内部的传动系统如图 9.2 所示。转动分度手柄时,通过一对传动比为 1∶1 的直齿圆柱齿轮及一对传动比为 1∶40 的圆柱蜗杆蜗轮(俗称蜗杆蜗轮)使主轴旋转。此外,右侧还有一根安装交换齿轮用的挂轮轴(侧轴),它通过一对 1∶1 的螺旋齿轮和空套在分度手柄轴上的孔盘相联系。

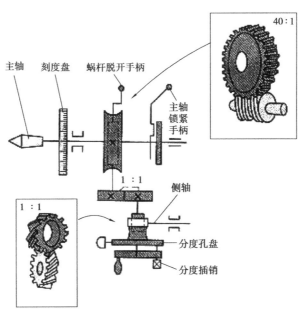

图 9.2 分度头的传动系统

四、分度头的安装和找正

分度头安装时,要找正分度头主轴轴线与水平工作台面平行,与垂直导轨平行。分度头安装时,将底座上的定位键放入工作台 T 形槽中,先将一标准心棒安装于分度头主轴中,再将磁力表架吸于铣床主轴上,调整百分表的位置,使百分表触头分别位于心轴侧母线、上母线上,手摇纵向工作台手柄使工作台移动,同时观察百分表指针变化,并调整分度头位置,直至百分表指针变化量在要求范围内,然后用 T 形螺钉压紧即可,如图9.3 和图9.4 所示。

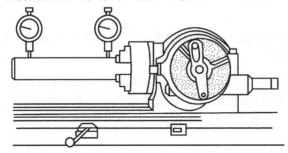

图9.3 校正分度头主轴上母线与水平工作台面平行

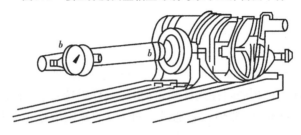

图9.4 校正分度头主轴侧母线与垂直导轨平行

五、用分度头装夹工件的方法

根据零件的形状不同,零件在分度头上的装夹方法也不同。主要有以下几种:

1. 用三爪自定心卡盘装夹工件

加工较短的轴套类零件,可直接用三爪自定心卡盘装夹。用百分表校正工件外圆,当工件外圆与分度头主轴不同轴而造成圆跳动超差时,可在卡爪上垫铜皮,使外圆跳动量符合要求。用百分表校正端面时,用铜锤轻轻敲击高点,使端面圆跳动量符合要求。这种方法装夹简便,铣削平稳,如图9.5 所示。

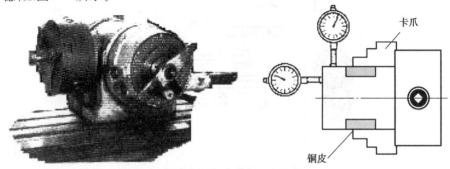

图9.5 用三爪自定心卡盘装夹工件

2. 用分度头及其附件装夹工件

（1）用心轴装夹工件。装夹前应校正心轴轴线与分度头主轴轴线的同轴度,并校正心轴的上素线和侧素线与工作台面和工作台纵向进给方向平行。

利用心轴装夹工件时又可以根据工件和心轴形式不同分为多种的装夹形式,如图9.6(a)～(e)所示。

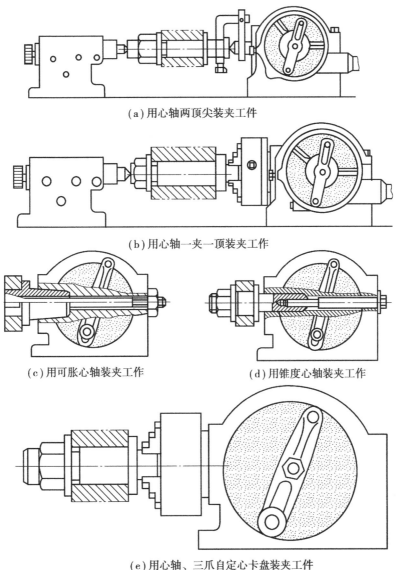

（a）用心轴两顶尖装夹工件

（b）用心轴一夹一顶装夹工作

（c）用可胀心轴装夹工作　　　　　（d）用锥度心轴装夹工作

（e）用心轴、三爪自定心卡盘装夹工件

图9.6

（2）用一夹一顶装夹。一夹一顶装夹适用于一端有中心孔的较长轴类工件的加工,如图9.7(a),(b)所示。此法铣削时刚性较好,适合切削力较大时工件的装夹。但校正工件与主轴同轴度较困难,装夹工作应先校正分度头和尾座。

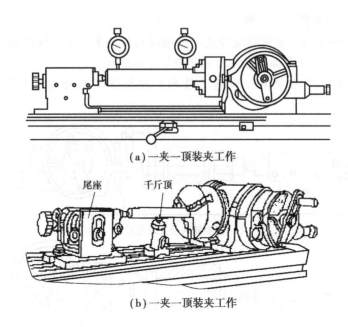

(a)一夹一顶装夹工作

(b)一夹一顶装夹工作

图9.7

六、万能分度头的维护与使用

(1)经常注意分度头各部分的润滑,并按照说明书上的规定定期加油。

(2)保持分度头的清洁,使用前应将表面、安装底面及主轴锥孔擦干净,存放时应将外露金属表面涂上防锈油。

(3)分度头蜗杆和蜗轮和间隙可通过偏心套及调整螺母进行,一般间隙应保持在0.02~0.04 mm,间隙过小,蜗轮易磨损,过大则工件的分度精度会因铣削力等因素而受到影响。

(4)在搬运分度头时应避免碰撞,以免损坏主轴两端锥孔和安装底面,在分度头上装卸工件时应先锁紧分度头主轴,在紧固工件时施力应适当,切忌用管子套在扳手上施力或用榔头敲打。

(5)分度时,通常应匀速顺摇分度手柄,若摇过了头,应退回半圈以上再按原方向摇到规定位置。

(6)分度时,分度手柄上定位销应慢慢插入分度盘孔内。

(7)正确使用分度头主轴锁紧手柄,分度时松开,加工时锁紧,但铣螺旋槽时严禁锁紧。

(8)调整分度头主轴仰角时,应先松开壳体上部靠近主轴后端的螺母,再略微松开壳体上部靠近主轴前端的两个内六角螺钉,待角度扳好后,先紧固前端的螺钉(否则会使主轴位置的零位走动),再紧固后部的螺母。

(9)工件装夹在分度头上应留有足够的"退刀"距离。

(10)严禁超载使用分度头。

想一想

(1)FW250型分度头夹持工件的最大直径是_____。

    A. 123 mm   B. 250 mm   C. 500 mm

（2）FW250 型分度头主轴两端的内锥是_____。

    A. 莫氏 3 号   B. 米制 7:24   C. 莫氏 4 号

（3）FW250 型分度头蜗杆副的传动比是_____。

    A. 1:100   B. 1:40   C. 1:200

（4）FW250 型分度头蜗杆副的传动比定数是 40,表示_____。

    A. 传动蜗杆的直径   B. 主轴上蜗轮的模数   C. 主轴上蜗轮的齿数

（5）分度头蜗杆脱落手柄的作用是_____。

    A. 调节分度头主轴间隙   B. 调节蜗杆轴向间隙   C. 脱开或啮合蜗杆副

（6）选用鸡心夹、尾座和拨盘装夹工件的方式适用于_____轴类工件装夹。

    A. 较短的   B. 一端有中心孔的   C. 两端有中心孔的

（7）万能分度头蜗杆副的啮合间隙应保持在_____ mm。

    A. 0. 10 ~ 0. 30   B. 0. 001 ~ 0. 005   C. 0. 02 ~ 0. 04

（8）FW250 型分度头主轴可在_____调整主轴倾斜角。

    A. −6°~90°   B. 0°~180°   C. −45°~45°

（9）万能分度头有何功用？

（10）简述万能分度头的构造。

（11）简述用分度头装夹工件的方法？

任务二 直接分度法和简单分度法

直接分度法和简单分度法是两种最常用的分度方法。

一、直接分度法

当分度数目很少时可采用直接分度法。采用这种分度方法分度时不用转动分度手柄,而应先扳动蜗杆脱落手柄使分度头内部的蜗杆和蜗轮脱开,然后用手直接转动分度头主轴,如图9.8 所示。分度完毕后应扳动主轴锁紧手柄将主轴锁紧。分度时所转过的角度可以从刻度上直接读出。

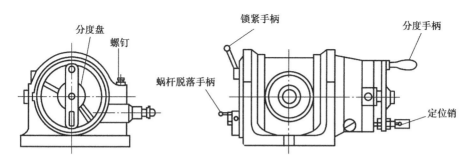

图9.8 分度头的结构

例如:铣四等分槽,第一次刻度对"0°",第二转到"90°",第三转到"180°",第四转到"270°"。

这种分度方法比较简单,但分度精度低。有些分度头上带有直接分度的孔盘,这时可利用定位销插入孔盘来直接分度(不再看刻度盘),其分度精度高,而且分度方便、迅速。

二、简单分度法

1. 分度原理

简单分度法也叫单式分度法,主要依靠蜗杆和蜗轮传动来分度。如图9.2所示,分度时用锁紧螺钉将分度盘固定;旋转分度手柄,通过传动比为1:1的一对齿轮和1:40的蜗杆蜗轮使主轴转动。根据传动比计算,分度手柄转过40转,主轴才转1转。

若工件的分度数目为 z,那么,每当铣完一个槽(或一个齿)时,主轴应转 $1/z$ 转,这时手柄应转的转数为:

$$n = \frac{40}{z} \tag{9.1}$$

式中 n——分度手柄应转的转数,转(r);

         z——工件的等分数目(齿数或边数);

         40——分度头的定数(目前国产分度头的定数基本上都是40)。

上式为简单分度的计算公式。当计算得到的转数不是整数而是分数时,可利用分度盘上相应孔圈进行分度。

例1 在FW250型万能分度头上铣削一个正四边形工件,试求每铣一边后分度手柄的转数数目。

解:$n = \frac{40}{z} = \frac{40}{4} = 10(\text{r})$

答:每铣完一边后,分度手柄应转过10 r。

2. 具体操作步骤

(1)选择分度盘上孔圈,调整定位销的位置。

(2)转动分度手柄10 r。

(3)紧固分度头主轴,分度完毕。

例2 在FW250型万能分度头上铣削一六角螺栓,求铣每一面时,分度手柄应转过多少转?

解:$n = \frac{40}{z} = \frac{40}{6} = 6\frac{2}{3} = 6\frac{44}{66}(\text{r})$

答:分度手柄应转6 r,又在分度盘孔圈数为66的孔圈上转过44个孔距。

3. 分度盘和分度叉的使用

由例2可以看出,当计算得到的分度手柄转数为分数时,其非整转数部分(2/3 转)可利用分度盘和分度叉来解决。分度叉是分度盘上的附件,它的作用能使分度准确而又迅速。

(1)常用分度头上的两块分度盘各圈的孔数。一般分度头都备有两块分度盘,在分度盘的正、反两面各有几圈小孔,各圈小孔的孔数不等,但同一圈内的孔距是相等的。常用分度头上的两块分度盘各圈孔数,由里到外依次为:

①第一块分度盘。正面:24,25,28,30,34,37。反面:38,39,41,42,43。

②第二块分度盘。正面:46,47,49,51,53,54。反面:57,58,59,62,66。

因此例2的计算结果 $6\frac{2}{3}$ 转,应当在手柄转过6转后,再根据分度盘的孔圈数,在66孔的圈上转过44个孔距。

（2）使用分度盘和分度叉时的注意事项。使用分度盘和分度叉时应注意以下两点：

①选择孔圈时，在满足孔数是分母的整数的条件下，一般选择孔数较多的孔圈。因为一方面在分度盘上孔数多的孔圈离轴心较远，操作方便；另一方面分度误差较小（准确度高）。

②分度叉由两个叉脚组成。两叉脚间的夹角，可以根据孔距数进行调整。在调整时，夹角间的孔数应比需转过的孔距数多一个，因为第一个孔是作零来计数的，要到第二个孔才算作一个孔距数。例如要在 24 孔的孔圈上转 8 个孔距数，调整方法是先使定位销插入紧靠其中一叉脚一侧的孔中，松开锁紧螺钉，将另一叉脚调整到第 9 个孔，待定位销插入后，另一叉脚的一侧也能紧靠定位销时，再拧紧螺钉把两叉之间的角度固定下来。当加工好一边后把分度叉调整到下一个分度位置时，另一叉脚也同时转到了后面的 8 个孔距数的位置上，并保持原来的夹角不变。

③如分度手柄转过位，不能直接反转回位，应将分度手柄反转 1/2 周以上，消除传动系统间隙后，顺转至要求孔位。

想一想

（1）在 FW250 型分度头上铣削 $Z = 80$ 的直齿圆柱齿轮时，每次分度时分度手柄应转过_____。

  A. 2 r   B. 1 $\frac{1}{2}$r   C. $\frac{1}{2}$r

（2）分度头的分度盘的圈数最少（最多）是_____。

  A. 24（62）   B. 24（66）   C. 30（66）

（3）不是整转数的分度（如 24/66）通过分度头的_____达到分度要求。

  A. 分度叉   B. 分度盘   C. 主轴刻度盘

（4）使用分度叉可避免每分度一次都要数孔数的麻烦，若需要转过 23 个孔距，分度叉之间所夹的实际孔数是_____。

  A. 22   B. 23   C. 24

（5）在 FW250 型万能分度头上铣削 36 个齿的齿轮时，求手柄在每次分度时应转过的转数？

任务三　角度分度法

一、角度分度法的原理及方法

角度分度法是简单分度的另一种形式，只是计算的依据不同。简单分度法以工件的等分数作为计算依据，而角度分度法以工件所需转过的角度 θ 作为计算依据。

从分度头的传动原理可知，要使分度头主轴带动工件转过 1 转，手柄需要转 40 转，即手柄转 1 转，工件则转过 $\frac{360°}{40} = 9°$。根据这一关系可得出角度分度时的计算公式：

工件角度以"度"为单位时：$n = \dfrac{\theta°}{9°}$转   （9.2）

工件角度以"分"为单位时：$n = \dfrac{\theta'}{540'}$转   （9.3）

工件角度以"秒"为单位时: $n = \dfrac{\theta''}{32\,400''}$ 转 （9.4）

式中　n——分度手柄转数, r

　　　θ——工件所需转过的角度, (°)、(′)或(″)。

二、角度分度法示例

例 1　要在工件外圆上铣出两条夹角为 102°的槽,在 FW250 分度头上加工,求分度手柄转数。

解:根据公式 9.2:

$$n = \frac{\theta°}{9°} = \frac{102°}{9°} = 11\frac{3}{9} = 11\frac{18}{54} \text{转}$$

即铣好一条槽后,分度手柄在 54 孔圈上转过 11 转加 18 个孔距,再铣第二条槽。也可以在铣好一条槽后,分度手柄在 30 孔圈上转过 11 转加 10 个孔距,再铣第二槽。因为:

$$n = \frac{\theta°}{9°} = \frac{102°}{9°} = 11\frac{1}{3} = 11\frac{10}{30} \text{转}$$

例 2　上例中,若两槽夹角为 38°9′6″,求分度手柄转数。

解: $n = \dfrac{38°9′6″}{9°} = 4$ 转余 2°9′6″

其中余下的 2°9′6″可以从附表 1(角度分度表)中查得与之相近的角度值,即 2°9′8″,对应的分度盘孔数是 46,孔距数是 11。即工件要转过 38°9′6″时,分度手柄转过:

$$n = 4\frac{11}{46}$$

其误差为 2°9′8″ − 2°9′6″ = 2″

例 3　若安装在分度头三爪自定心卡盘上的工件铣削时要求转过 7°21′30″,应怎样分度?

解:可利用公式 9.4 计算:

$$\theta = 3\,600″ \times 7 + 60″ \times 21 + 30″ = 26\,490″$$

$$n = \frac{26\,490″}{32\,400″} = 0.817\,6 \text{ 转}$$

然后查附表 1,表中无 0.817 6,选用近似数 0.818 2,这时可用分度盘 66 孔的孔圈,转过 54 个孔距。

想一想

(1)在 FW250 分度头上需转过 18°20′,应通过公式_____计算分度手柄转数 n。

　　A. $\dfrac{\theta°}{9°}$ 　　　　B. $\dfrac{\theta′}{540′}$ 　　　　C. $\dfrac{\theta''}{32\,400''}$

(2)在 FW250 分度头上,铣削夹角为 120°的两条槽,求分度手柄转数?

(3)在 FW250 分度头上,铣削夹角为 24°20′的两条槽,求分度手柄转数?

任务四　差动分度法

差动分度法就是在分度头主轴后锥孔中装上挂轮轴,用配换齿轮把分度头的主轴与配换齿轮轴(也称挂轮轴或侧轴)连接起来,从而实现分度的一种方法。这种方法主要用于简单分度法无法分度的直齿轮和一般零件等。

一、轮系

由一系列相互啮合的齿轮组成的传动系统称为轮系。

1. 轮系的主要功用

(1)轮系可获得很大的传动比;

(2)轮系可作远距离传动;

(3)轮系可实现变速、换向要求;

(4)轮系可合成或分解运动。

2. 轮系的分类

根据轮系运转时各齿轮的几何轴线在空间的相对位置是否固定,轮系可分为定轴轮系和周转轮系两大类。

(1)定轴轮系。在工作时,每个齿轮都是运转的,但它们的轴线位置都是固定不动的。如图9.9 所示。

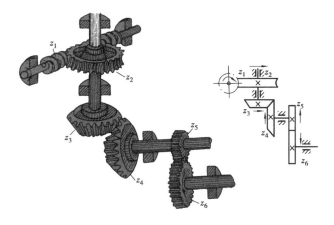

图9.9　定轴轮系

(2)周转轮系。指在轮系中至少有一个齿轮及轴线是围绕另一个齿轮进行旋转的。如图9.10 所示。

3. 配换齿轮的组合形式

配换齿轮的组合形式有单式轮系(如图9.11)和复式轮系(如图9.12)。

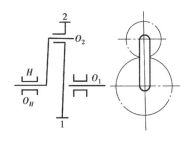

图9.10　周转轮系

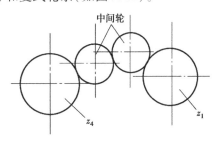

图9.11　单式轮系

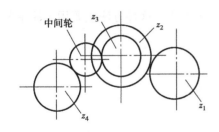

图 9.12 复式轮系

二、差动分度原理

差动分度法的传动系统,如图 9.13 所示。

分度时松开分度盘的紧固螺钉,按预定的转数转动分度手柄进行分度时,在分度头主轴转动的同时,分度盘相对于分度手柄以相同或相反的方向转动,则分度手柄实际的转数就是手柄相对于分度盘的转数与分度盘的自身转数之和(分度盘相对于手柄以相同方向转动)或之差(分度盘相对于手柄以相同方向转动)。分度

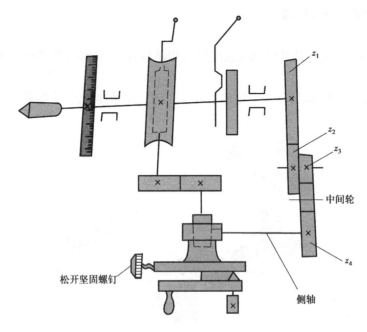

图 9.13 差动分度法的传动系统

时,手柄相对于分度盘的转数可通过简单分度法计算,分度盘的自身转数可由主轴通过交换齿轮带动分度盘转动来计算。分度时,先取一个与工件要求的等分数 z 相近的且能进行简单分度的假定等分数 z_0,由传动系统可知,分度盘自转转数 n_p 为 $\frac{1}{z} \times \frac{z_1}{z_2} \times \frac{z_3}{z_4}$,根据差动分度原理,得:

$$\frac{40}{z} = \frac{40}{z_0} + \frac{1}{z} \times \frac{z_1}{z_2} \times \frac{z_3}{z_4}$$

每次分度头手柄的转数:

$$n = \frac{40}{z_0}$$

配换齿轮的传动比:

$$i = \frac{z_1}{z_2} \times \frac{z_3}{z_4} = \frac{40(z_0 - z)}{z_0}$$

式中 z_1, z_3——主动配换齿轮的齿数;

z_2 , z_4——从动配换齿轮的齿数；

z——工件实际等分数；

z_0——工件假定等分数。

例 1 有一齿轮，齿数 $z = 111$，求在铣削时分度头手柄转数 n 和配换齿轮的齿数。

解： 选取工件假定等分数 $z_0 = 120$

分度头手柄的转数：

$$n = \frac{40}{z_0} = \frac{40}{120} = \frac{1}{3} = \frac{22}{66}$$

配换齿轮的传动比：

$$i = \frac{z_1}{z_2} \times \frac{z_3}{z_4} = \frac{40(z_0 - z)}{z_0} = \frac{40(120 - 111)}{120} = \frac{40 \times 9}{120} = \frac{4 \times 9}{3 \times 4} = \frac{40 \times 90}{30 \times 40} = \frac{80 \times 90}{60 \times 40}$$

即：配换齿轮 $z_1 = 80$，$z_2 = 60$，$z_3 = 90$，$z_4 = 40$。假设的齿轮齿数 z_0 大于实际齿数 z，因此手柄和分度盘的回转方向相同，所以两对配换齿轮不加中间轮。每铣一齿分度手柄在 66 孔圈的圆周上转过 22 个孔距数。

例 2 有一齿轮，齿数 $z = 119$，求在铣削时分度头手柄转数 n 和配换齿轮的齿数？

解： 选取工件假定等分数 $z_0 = 110$

分度头手柄的转数：

$$n = \frac{40}{z_0} = \frac{40}{110} = \frac{4}{11} = \frac{24}{66}$$

配换齿轮的传动比：

$$i = \frac{z_1}{z_2} \times \frac{z_3}{z_4} = \frac{40(z_0 - z)}{z_0} = \frac{40(110 - 119)}{110} = -\frac{36}{11} = -\frac{90}{55} \times \frac{60}{30}$$

即：配换齿轮 $z_1 = 90$，$z_2 = 55$，$z_3 = 60$，$z_4 = 30$。假设的齿轮齿数 z_0 小于实际齿数 z，因此手柄和分度盘的回转方向相反，所以两对配换齿轮采用复式轮系，并加一个中间轮。每铣一齿分度手柄在 66 孔圈的圆周上转过 24 个孔距数。

在实际工作中，为了方便起见，可在差动分度表（见附表 2）中直接选取所需数据。附表 2 中所列数据，均按 $z_0 < z$ 计算，它可应用于定数为 40 的任何型号的分度头，但要注意，配置齿轮时，应使分度盘与分度手柄转向相反。

想一想

（1）差动分度时，配换齿轮中的中间齿轮作用之一是_____。

    A. 改变从动轮转向   B. 改变从动轮转速   C. 改变速比

（2）用万能分度头进行差动分度，应在_____之间配置差动配换齿轮。

    A. 分度头主轴与工作台丝杆

    B. 分度头侧轴与工作台丝杆

    C. 分度头主轴与侧轴

（3）用 FW250 型分度头装夹工件，铣削齿数 $z = 91$ 的直齿圆柱齿轮。试问应选用何种分度方法？试进行分度计算并判断分度手柄与分度盘转向？

任务五　直线移距分度法

直线移距分度法是用交换齿轮将分度头主轴或侧轴与工作台纵向丝杆连接起来,操作时,转动分度手柄,经由齿轮传动,即可实现工作台的精确移距。这种分度法常用于工件需要在直线上进行分度的情况。

常用的直线移距分度法有主轴交换齿轮法和侧轴交换齿轮法两种。

一、主轴交换齿轮法

1. 主轴交换齿轮法原理

主轴交换齿轮法就是在分度头主轴后锥孔中,装上挂轮轴,用交换齿轮把分度头主轴与工作台纵向丝杆连接起来,转动分度手柄,使工作台产生移距。其传动系统如图9.14所示。

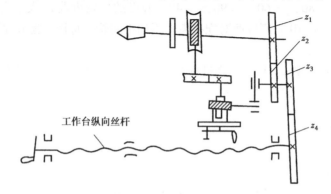

图9.14　主轴交换齿轮传动系统

2. 交换齿轮的计算

$$(1)\ L = N \times \frac{1}{40} \times \frac{z_1}{z_2} \times \frac{z_3}{z_4} \times P_\text{丝}$$

$$(2)\ \frac{z_1}{z_2} \times \frac{z_3}{z_4} = \frac{40L}{nP_\text{丝}}$$

式中　z_1, z_3——主动交换齿轮的齿数;

z_2, z_4——从动交换齿轮的齿数;

40——分度头定数;

L——每次分度工作台(工件)移动距离,mm;

$P_\text{丝}$——工作台纵向进给丝杆螺距,mm;

n——每次分度时分度手柄的转数。

3. 交换齿轮计算示例

例1　在万能铣床上进行刻线,线的间隔是0.35 mm,工作台纵向丝杆螺距$P_\text{丝}$ =6 mm,求分度手柄转数和交换齿轮齿数。

解:取分度手柄n =1

$$\frac{z_1}{z_2} \times \frac{z_3}{z_4} = \frac{40l}{nP_\text{丝}} = \frac{40 \times 0.35}{1 \times 6} = \frac{14}{6} = \frac{70}{30}$$

即：$z_1 = 70$，$z_4 = 30$。交换齿轮采用单式轮系，每次分度时，拔出定位插销，将分度手柄转 1 转，再把定位插销插入即可。

从上例可知，计算时 n 的取值是任意的，但也必须把握两点：一是选取的值要便于操作，一般情况下应取分度手柄摇动为整转数；二是使交换齿轮的齿数尽可能大于 25，以使传动平稳。一般 n 取 $1 \sim 10$。

例 2　在万能铣床上铣削模数 $m = 1.5$ mm 的齿条，工作台纵向丝杆螺距 $P_丝 = 6$ mm，求分度手柄转数和交换齿轮齿数。

解：取分度手柄 $n = 5$，齿条的齿距 $P = L = 1.5$ mm，取 $\approx \dfrac{22}{7}$

$$\frac{z_1}{z_2} \times \frac{z_3}{z_4} = \frac{40l}{nP_丝} = \frac{40 \times 1.5 \times 22}{5 \times 6 \times 7} = \frac{44}{7} = \frac{100 \times 55}{35 \times 25}$$

即：$z_1 = 100$，$z_2 = 35$，$z_3 = 55$，$z_4 = 25$。交换齿轮采用复式轮系，分度手柄每次转 5 转。

二、侧轴交换齿轮法

1. 分度原理

侧轴挂轮法是在分度头侧出与工作台纵向丝杠之间安装交换齿轮，并将分度头主轴锁紧，此时分度手柄被固定。松开分度盘左侧的紧固螺钉，分度时分度盘转动，以分度手柄上的定位插销作为衡量分度盘转运多少的依据，如图 9.15 所示。移距时，用扳手转动分度头侧轴，通过侧轴左端一对斜齿圆柱齿轮（1：1）带动分度盘相对分度手柄的定位插销旋转，同时侧轴右端的交换齿轮带动工作台纵向丝杠旋转，实现工作纵向移距。

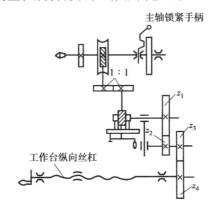

图 9.15　侧轴交换齿轮法

侧轴挂轮的直线移距分度方法由于不经过分度头内蜗杆蜗轮副的减速传动，分度盘过一个较小的转数时，就能得到较大的直线移距量。

2. 交换齿轮计算

$$n \times \frac{z_1}{z_2} \times \frac{z_3}{z_4} \times P_丝 = L$$

$$\frac{z_1}{z_2} \times \frac{z_3}{z_4} = \frac{L}{nP_丝}$$

式中　z_1，z_3——主动交换齿轮的齿数；
　　　z_2，z_4——从动交换齿轮的齿数；

L——每次分度工作台(工件)移动距离,mm;

$P_\text{丝}$——工作台纵向进给丝杆螺距,mm;

n——每次分度时分度手柄的转数。

3. 交换齿轮计算示例

例 3 在万能铣床上铣削长齿条,齿条模数 $m = 4$ mm,用万能分度头作侧轴挂轮直线移距,试作分度计算。

解:每次分度的移距量等于齿条齿距 $L = P = \pi m = 4\pi \approx 4 \times \dfrac{22}{7} \times \dfrac{z_1}{z_2} \times \dfrac{z_3}{z_4} = \dfrac{L}{nP_\text{丝}} = \dfrac{4 \times \frac{22}{7}}{6 \times n} = \dfrac{8}{6n} \times \dfrac{11}{7}$

取 $n = \dfrac{8}{6} = 1\dfrac{2}{6} = 1\dfrac{18}{54}$

则:$\dfrac{z_1}{z_2} \times \dfrac{z_3}{z_4} = \dfrac{11}{7} = \dfrac{55}{35}$

即:$z_1 = 55, z_4 = 35$。交换齿轮采用单式轮系,移距时,分度盘每次相对分度手柄定位插销在孔数为 54 的孔圈上转过 1 转又 18 个孔距。

主轴交换齿轮法由于通过了 1:40 的蜗杆副减速,所以当手柄转过了许多转以后,纵向工作台才移动一个较短的距离,这种方法适用于移距间隔小的工件。而侧轴交换齿轮法没有经过的 1:40 的蜗杆副减速,故分度盘转过一个相对较小的角度,纵向工作台即可移动一个较大的距离,这种方法适用于移距间隔较大的工件。

想一想

(1)直线移距分度法是在_____之间配置交换齿轮进行分度的。

    A. 分度头主轴和侧轴

    B. 铣床主轴和分度头侧轴

    C. 分度头主轴或侧轴与工作台丝杆

(2)用主轴挂轮法直线移距分度时,从动轮应配置在_____。

    A. 分度头侧轴上   B. 机床工作台丝杆上   C. 分度头主轴上

(3)采用主轴挂轮法直线移距分度,计算交换齿轮比 n 时的选取范围_____。

    A. 1 ~ 10   B. 10 ~ 20   C. 0.1 ~ 1

(4)在 X6132 型铣床上用 FW250 型分度头,采用主轴挂轮法进行直线移距分度刻线,工件每格刻度 $L = 2.25$ mm。若分别选取分度手柄转数 $n = 5$ r 和 $n = 1$ r,试判断哪个转数合理?判定后选择交换齿轮齿数。($P_\text{丝} = 6$ mm)

(5)常用的分度方法有几种?怎样选用分度方法?

提示

常用的分度方法有四种:①直接分度法;②简单分度法;③角度分度法;④差动分度法;⑤直线移距分度法。当分度数目很少时可采用直接分度法;当工件圆周分度数用等分数 z 表示时,应选用简单分度法和差动分度法;当等分数 z 无法用简单分度法分度时,可选用差动分度法分度(63,67,101 等数值);当工件需要在直线上进行等分时应选用直线移距分度法。

项目十 铣削多边形和圆周刻线

项目内容

（1）四方、六方的铣削及计算；
（2）圆周刻线。

项目目的

（1）掌握多边形的铣削方法及计算；
（2）掌握刻线刀的磨削方法；
（3）掌握圆周刻线的方法和步骤。

项目实施过程

任务一 四方、六方的铣削及计算

具有四方、六方的零件在机器制造业中非常广泛，这些零件一般由铣削来完成。铣削时，工件可装夹在平口钳或分度头上，在立式或卧式铣床上进行铣削。本任务介绍工件装夹在分度头上的铣削方法。

一、四方的铣削及计算

1. 用组合铣刀铣四方

当工件的数量较多时，可用组合铣刀铣削。铣四方时，分度头的主轴要与铣床的工作台相垂直。如图10.1所示为铣削螺钉头部的四方，其加工步骤如下：

（1）工件的装夹。用三爪自定心卡盘装夹工件，螺纹部分套上开缝铜衬套，以免被卡爪夹坏，如图10.1所示。

（2）选择铣刀。选用两把规格相同，材料相同的三面刃盘铣刀。安装时，两铣刀间的距离应等于工件的对边距离。

（3）分度。可用直接分度法和简单分度法。

（4）铣刀切削位置的调整（对中心）。调整铣刀切削位置可用以下两种方法：

①铣切试件对中心的方法。其方法为：

a. 选一个与工件尺寸接近的试件装夹好。调整横向手柄，使试件中心大致位于两把铣刀的中心位置（目测），启动机床进行第一次铣削。铣削完毕，纵向退出试件，测量尺寸，如不符合

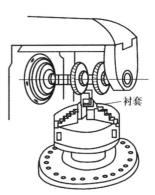

衬套

图10.1 用组合铣刀铣四方

要求,可更换调整垫圈,重新调整铣刀距离,直到在试件上获得规定的尺寸为止。

b. 接着将分度头转动180°,再对试件进行一次铣削。若两把铣刀都未切下切屑,则说明中心已对好,若其中一把铣刀切下了切屑,说明试件的中心没有对正两把铣刀的中心位置。这时应再测量第二次铣后试件的尺寸,然后将工作台的位置进行调整,调整的方法是把横向工作台向第二次铣试件没有铣到的方向移动,移动的距离 A 可按下式计算:

$$A = \frac{L_1 - L_2}{2} \tag{10.1}$$

式中　L_1——第一次铣削后试件尺寸,mm;

　　　L_2——第二次铣削后试件尺寸,mm。

铣刀的位置对好后,取下试件,装上工件。

②用铣刀的一个侧面对中心。其方法为:

两把铣刀之间的距离调整好后,将一把铣刀的侧面轻轻接触工件表面,然后移动纵向工作台退出工件,再移动横向工作台,使工件向铣刀方向移动一个距离 A,便可保证工件中心与两把铣刀中心一致,如图10.2所示。移动距离 A 可按下式计算:

$$A = \frac{D}{2} + \frac{S}{2} + B \tag{10.2}$$

式中　A——铣刀接触工件后工作台应移动的距离,mm;

　　　D——工件直径,mm;

　　　S——工件四方的边长,mm;

　　　B——铣刀宽度,mm。

横向工作台的工作位置确定以后,应将其紧固,然后开始铣削。先用铣刀铣出工件的一组对边,接着将工件转动90铣削第二组对边。第二次进给完毕,工件铣削完成。

按照上述方法,并利用分度头分度,还可以铣出六方、八方等多面体工件。

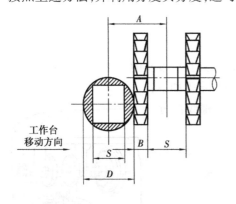

图10.2　用铣刀侧面对刀的方法

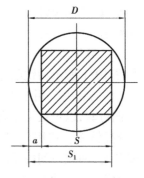

图10.3　四方尺寸的计算

2. 四方尺寸的计算

如图10.3所示,计算公式如下:

$$S = 0.707D \tag{10.3}$$

$$a = 0.147D = \frac{D - S}{2} \tag{10.4}$$

$$S_1 = 0.854D \qquad (10.5)$$
$$D = 1.414S \qquad (10.6)$$

常用铣四方的尺寸,见表10.1。

表10.1　铣四方的尺寸　　　　　　　　　　　单位:mm

四方对边的距离 S	圆料直径 D	对边到圆外径的距离 S_1	铣削深度 a	四方对边的距离 S	圆料直径 D	对边到圆外径的距离 S_1	铣削深度 a
5	7.07	6.04	1.04	27	38.18	32.6	5.59
5.5	7.78	6.64	1.14	30	42.42	36.23	6.21
6	8.48	7.24	1.24	32	45.25	38.64	6.63
7	9.9	8.45	1.45	36	50.90	43.47	7.45
8	11.31	9.66	1.66	41	57.97	49.51	8.49
10	14.14	12.08	2.07	46	65.04	55.55	9.52
12	16.97	14.49	2.49	50	70.70	60.38	10.31
14	19.80	16.91	2.9	55	77.77	66.42	11.33
17	21.04	20.53	3.52	65	91.91	78.49	13.46
19	26.87	22.94	3.94	75	106.05	90.57	15.53
22	31.11	26.57	4.56	80	113.12	96.60	16.56
24	33.94	28.94	4.97	90	127.26	108.68	18.63

二、六方的铣削及计算

1. 用立铣刀铣六方

如图10.4所示,为在立式铣床上通过分度头用立铣刀端面齿加工六方的方法。在铣削时应注意以下几点:

(1)准确地安装分度头和尾架。步骤如下:

①清除工作台台面、分度头和尾架底面的铁屑和脏物。

②将分度头和尾架底面的定位键放入工作台中间的T形槽内。

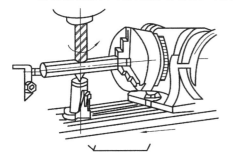

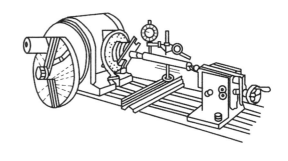

图10.4　用立铣刀铣六方　　　　　　　　　图10.5　校正分度头

③校正分度头,使其主轴中心线与后顶尖中心线重合并平行于工作台。校正的方法如图10.5所示,将检验心轴顶在前后顶尖之间,用百分表检验前后顶尖的中心线连线是否平行于

工作台台面。如果百分表顺着检验心轴移动时,指针所指示的偏差在允许的范围内,那么分度头和尾架就已安装准确;否则就应调整分度头或尾架上后顶尖的高度,直到符合要求为止。

④根据工件长度将尾架移到适当距离以后,固定在工作台上。

(2)装夹工件。装夹方法如图10.4所示,装夹时顶尖孔要涂上黄油,细长工件中间用千斤顶支承。

(3)吃刀深度可按单面加工余量来调整。铣削第一个表面时,吃刀深度应略浅一些,待对称的另一个表面加工后,再测量对面尺寸,按所测量的尺寸将吃刀深度调好。然后依次将六个面加工完。

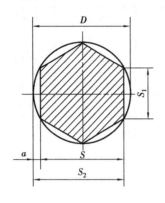

图10.6 六方尺寸计算

(4)分度。用分度头分度,每次分度时,手柄转 $n = \dfrac{40}{6} = 6\dfrac{2}{3} = 6\dfrac{44}{66}$ 转,即在66孔圈内摇6转零44个孔距(分度叉之间包括45个孔)。

2. 六方尺寸的计算

如图10.6所示,计算公式:

$$S = 0.866D \qquad (10.7)$$

$$a = 0.067D = \frac{D - S}{2} \qquad (10.8)$$

$$S_1 = 0.5D \qquad (10.9)$$

$$S_2 = 0.933D \qquad (10.10)$$

$$D = 1.155S \qquad (10.11)$$

常用铣六方的尺寸,见表10.2。

表10.2 铣六方的尺寸 单位:mm

六方对边的距离 S	圆料直径 D	对边到圆外径的距离 S_2	铣削深度 a	六方对边的距离 S	圆料直径 D	对边到圆外径的距离 S_2	铣削深度 a
3.2	3.7	3.45	0.25	27	31.19	29.10	2.09
4	4.62	4.31	0.31	30	34.65	32.33	2.33
5	5.78	5.39	0.39	32	36.96	34.48	2.48
5.5	6.35	5.93	0.43	36	41.58	38.79	2.79
7	8.09	7.54	0.55	41	47.36	44.18	3.18
8	9.24	8.61	0.62	46	53.13	49.57	3.57
10	11.55	10.78	0.78	50	57.75	53.90	3.89
12	13.86	12.93	0.93	55	63.53	59.27	4.27
14	16.17	15.09	1.09	65	75.08	70.05	5.04
17	19.64	18.32	1.32	75	86.63	80.82	5.81
19	21.95	20.48	1.48	80	92.40	86.21	6.20
22	25.41	23.71	1.71	90	103.94	96.99	6.98
27	27.72	25.86	1.86				

三、铣四方、六方时,可能出现的问题及原因

铣四方、六方时可能出现的问题及原因见表10.3。

表 10.3 铣四方、六方时可能出现的问题及原因

质量问题	产生原因
各对边距离小于图样尺寸	组合铣刀间的距离太小
位置不对	组合铣刀的中心和分度头的中心不在一条线上
各面间的相互位置不正确	分度计算或调整有错误,铣削时工件装夹不牢而松动
表面粗糙度值大	铣刀变钝,进给量太大;工件装夹不牢固;铣刀心轴摆动;铣刀振动;冷却不够;在工件没有离开铣刀的情况下退回

想一想

(1)简述用组合铣刀在卧式铣床上,通过万能分度头铣削四方时,对中心的方法。

(2)用立铣刀端面齿在立式铣床上,通过万能分度头铣削六方时,应注意哪些问题?

(3)铣削多面体时可能产生哪些废品?原因是什么?

任务二 圆周刻线

刻线是在刻线刀处于静止状态下,用手动进给使工作台做纵向(或横向)移动,再用分度头对工件进行圆周分度或直线移距,从而使刻线刀的刀尖在工件表面上刻划出有一定间隔、一定深度和长度,并且分度准确,线条清晰、均匀、整齐的角度线、圆周等分线或90°角尺的线条。

圆周上带有等分刻线的零件很多,如铣床工作台进给手柄上的刻度盘等。本任务只介绍在圆柱面上刻线。

一、刻线刀及其刃磨

刻线刀通常用高速钢刀条或废旧的立铣刀、锯片铣刀磨制而成。刻线刀的几何角度及形状,如图10.7所示。一般前角 γ_0 为 $0° \sim 8°$,刀尖角 ε_r 为 $45° \sim 60°$,后角 a_0 为 $6° \sim 10°$。

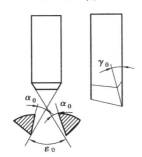

图 10.7 刻线刀的几何角度及形状

刻线刀的刃磨方法,见表10.4所示。表中1,2步骤可以交换,即可以先刃磨后刀面及后角。用砂轮刃磨后,用油石修磨的目的是:以达到前、后刀面平整, γ_0、ε_r、a_0 角度准确,刀尖对称刀体,刃口锋利,刀尖部分无崩刃、钝口、退火。

表 10.4　刻线刀的刃磨方法

刃磨步骤	刃磨图片	文字说明
1	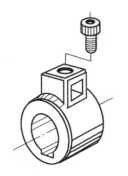	在氧化铝（白刚玉）砂轮上，先刃磨前刀面及前角
2		在氧化铝（白刚玉）砂轮上，刃磨后刀面及后角
3		最后在油石上对刃磨后的刻线刀的前、后刀面进行修磨

图 10.8　安装刻线刀的专用刀夹

二、刻线刀的安装

用高速钢刀条磨成的刻线刀，可用专用的紧刀垫圈安装，如图 10.8 所示。而用立铣刀或锯片铣刀改磨的刻线刀，与铣刀原来的安装方法相同。刻线刀安装要牢固，安装后刻线刀的基面应垂直于刻线进给方向，如图 10.9 所示。安装好后应注意锁紧主轴并切断电源，以免刻线时主轴发生转动。

三、在圆柱面上刻线技能训练

在 X6132 型卧式铣床上，对图 10.10 所示的工件进行刻线，其操作方法如下：

1. 刻线刀的安装

将宽为 12 mm，长为 100 mm 的正方形柄部的高速钢刻线刀安装在 32 mm 长刀杆上，并用垫圈紧固，如图 10.11 所示为刻线刀的安装与刻线加工示意图。将主轴转速调至最低挡，并将主轴换向开关换至"停止"位置。

图 10.9　刻线刀的安装

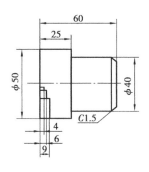

图 10.10　在圆柱面上刻线的工件

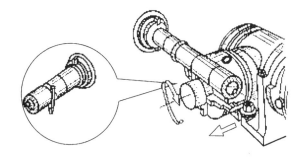

图 10.11　刻线刀的安装与刻线加工示意图

2. 工件的装夹与校正

将 FW250 型万能分度头水平安装在工作台上,使分度头主轴轴线与工作台台面及工作台纵向进给方向平行,将工件装夹在三爪自定心卡盘中,用百分表找正时使工件圆柱表面的径向圆跳动量小于 0.03 mm 即可。

3. 选择相应孔圈的分度盘

本工件要求刻 60 条等分线条,其分度手柄的转数为:

$$n = \frac{40}{z} = \frac{40}{60} = \frac{2}{3} = \frac{44}{66}r$$

即每刻一条线后,分度手柄应在 66 孔的孔圈上转过 44 个孔距。

4. 调整刻线位置

先在工件的圆柱面上划出中分线,即将游标高度尺调整到 125 mm,在工件的两侧分别划出一条线,再将分度头转过 180°,用游标高度尺再重划一次,如图 10.12 所示。如两次划出的线重合,说明划线位置准确。如不重合,则按其偏差的一半进行调整,直至划出的线重合为止。然后将分度头转过 90°(手柄摇 10 r),使划出的线处于上方,将刻线刀的刀尖对准划出的线,紧固横向工作台。

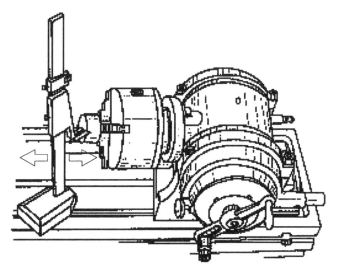

图 10.12　划中分线

147

5. 调整刻线长度

移动纵向工作台,使刻线刀的刀尖刚好与工件端面对齐,然后在纵向进给刻度盘上划线做记号。下降工作台,根据记号,摇动纵向手柄,调整刻线长度,控制长线为 9 mm、中线为 6 mm、短线为 4 mm,分别用不同颜色在纵向刻度盘上做记号。

6. 刻线操作

摇动纵向工作台,使刻线刀处于刻线部位,垂向工作台缓慢上升,使刀尖与外圆刚好接触,在垂向刻度盘上做记号,下降工作台,纵向退出工件。然后将垂向工作台上升 0.1 mm 左右,刻出第一条长线,观看线条粗细是否符合要求(注意:刻线的深浅程度随刀尖角大小、工件材料性质和刻线疏密等不同而有变化),若刻线过细,则再调整垂向工作台。每刻完一条线后,将分度手柄在 66 孔的孔圈上摇过 44 个孔距(分度叉之间包含 45 个孔),再分别刻短线、中线和长线。

想一想

(1)在铣床上进行刻线加工,刃磨刻线刀时,刀尖角 ε_r 通常选_____。

    A. 30°~40°   B. 45°~60°   C. 10°~20°

(2)在铣床上进行刻线加工的刻线刀,通常用_____刀具刃磨而成。

    A. 硬质合金   B. 高速钢   C. 碳素工具钢

(3)在 X6132 型铣床上用 FW250 型分度头分度,在圆周上刻线,每格刻度值为 1°30′。试求:

①每刻一格,分度手柄的转数。

②刻线 28 条,分度头主轴所转角度。

提示

$$n = \frac{\theta°}{9°} = \frac{1.5°}{9°} = \frac{9}{54}\text{r}$$

$$\theta = 1°30′ \times (28 - 1) = 40.5° = 40°30′$$

(4)怎样确定和刃磨刻线刀的几何角度?

提示

刻线刀通常可用高速钢车刀磨成。刻线刀具的几何角度一般应选择前角 γ_0 为 0°~8°,刀尖角 ε_r 为 45°~60°,后角 a_0 为 6°~10°。刃磨高速钢刻线刀具应选用氧化铝砂轮,刃磨步骤如下:

①刃磨刀尖角一侧后面,刃磨时刀体与砂轮成 $\varepsilon_r/2$ 夹角,并保证角 a_0 值。

②刃磨刀尖另一侧后面,刃磨时刀体位置与前类似。

③刃磨前面,保证前角 γ_0 值。用砂轮刃磨后,可用油石修磨,以达到前、后刀面平整,γ_0、ε_r、a_0 角度准确,刀尖对称刀体,刃口锋利,刀尖部分无崩刃、钝口、退火。

项目十一　铣花键和螺旋槽

项目内容

(1)花键简介;

(2)铣矩形齿外花键轴;

(3)铣螺旋槽。

项目目的

(1)了解花键的作用、种类及工艺要求;

(2)掌握单刀和双刀铣削外花键的操作方法;

(3)了解螺旋槽的相关知识;

(4)掌握螺旋槽铣削方法。

项目实施过程

任务一　花键简介

一、花键连接简介

花键连接是两零件上等距分布且齿数相同的键齿相互连接,并传递转矩或运动的同轴偶件,即花键连接是由带齿的轴(外花键)和轮毂(内花键)所组成。

花键连接是一种能传递较大转矩和定心精度较高的连接形式,在机械传动中应用广泛。机床、汽车、拖拉机、工程机械等的变速箱内,大都用花键齿轮套与花键轴配合的滑移实现变速传动,如图11.1所示。

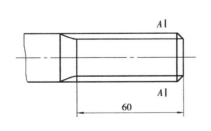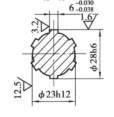

图 11.1　花键

二、花键的种类与工艺要求

1. 花键的种类

花键的种类较多,根据键齿的形状(齿廓)不同,可分为矩形齿花键、梯形齿花键、渐开线齿花键等,如图 11.2 所示。根据花键的定心方法不同,可分为外径定心花键、内径定心花键和齿侧定心花键。

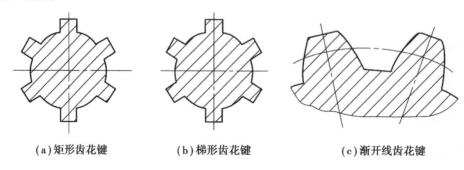

|(a)矩形齿花键|(b)梯形齿花键|(c)渐开线齿花键|

图 11.2　花键的种类

2. 花键的工艺要求

铣床一般只能铣削以大径定心的矩形齿外径花键,这种花键一般有以下工艺要求:

(1)尺寸精度。大径一般要求为 $h6$、$g6$、$f7$ 或 $f9$,键宽一般要达到 $e8$、$f9$ 或 $d9$。

(2)表面粗糙度。大径一般要求达到 $R_a0.8\ \mu m$,小径为 $R_a6.3\ \mu m$,键侧为 $R_a3.2\ \mu m$。

(3)大径与基准轴线的同轴度。

(4)键的形状精度和等分精度。

(5)键与轴线的对称度和平行度。

三、矩形齿花键

矩形齿花键的齿廓为矩形,加工容易,所以得到广泛的应用。矩形齿花键的定心方式有三种:小径定心、大径定心和齿侧(即键宽)定心,如图 11.3 所示。其中,因为内花键的小径可用内圆磨床加工、外花键的小径可由专用花键磨床加工,可以获得很高的加工精度,因此,小径定心的矩形齿花键连接的定心精度最高,这也是现行国家标准规定采用小径定心方式的原因。矩形齿花键的缺点是花键齿根部的应力集中较大。

|(a)小径定心|(b)大径定心|(c)齿侧定心|

图 11.3　矩形齿花键连接的定心方式

想一想

(1)外花键的齿廓形状有哪几种? 常用的是哪一种?

(2)外花键的定心方式有几种? 现行国家标准规定采用哪种定心方式? 为什么?

任务二　铣矩形齿外花键

成批、大量生产的外花键(花键轴),应在花键铣床上用花键滚刀按展成法加工,这种加方法具有较高的生产率和加工精度,但必须具备花键铣床与花键滚刀。在单件、小批量生产或缺少花键铣床等专用设备的情况下,常在普通卧式(或立式)铣床上利用分度头进行加工。

在铣床上铣削外花键的方法有单刀铣削、组合铣刀铣削、成形铣刀铣削三种。成形铣刀制造较困难,因此,只有在零件数量较多且具备成形铣刀的条件下才使用成形铣刀铣削,通常则使用三面刃铣刀铣削。

一、用单刀铣削矩形齿外花键

在铣床上用单刀铣削矩形齿外花键,主要适用于单件生产或维修加工,以加工大径定心的矩形齿花键轴为主。对以小径定心的花键轴,一般只进行粗加工。

1. 工件的装夹和校正

工件用分度头与尾座两顶尖或三爪自定心卡盘与尾座顶尖装夹,用百分表校正工件,如图11.4 所示。校正内容包括:

(1)工件两端面的径向圆跳动。

(2)工件的上母线与铣床工作台台面平行。

(3)工件的侧母线与工作台纵向进给方向平行。

对较长的工件,校正后还要在长度的中间位置下面用千斤顶支撑。

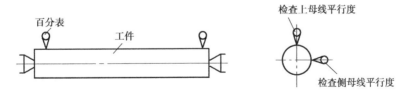

图11.4　用百分表校正工件

2. 铣刀的选择和安装

花键两侧面的铣削,选择外径较小、宽度适当的标准三面刃铣刀。外径应尽可能小,以减小铣刀的端面跳动量,保证齿侧的表面粗糙度。铣刀的宽度以铣削中不伤及邻键齿为准。花键槽底圆弧面(小径)的铣削选用宽度为 2 ~ 3 mm 的细齿锯片铣刀或成形刀。

3. 对刀

对刀的目的是使三面刃铣刀的侧面刀刃通过花键齿的侧面,以保证花键的宽度和两侧侧面的对称性。常用的对刀方法如下:

(1)侧面对刀法。如图11.5 所示,先使三面刃铣刀侧面刀刃轻轻接触工件侧面的贴纸,然后垂直下降工作台,退出工件,再将工作台向铣刀方向横向移动距离 S:

$$S = \frac{D - b}{2} \tag{11.1}$$

式中　S——工作台横向移动距离,mm;

　　　D——工件外径,mm;

b——花键键宽,mm。

这种对刀法方法简单,但有一定局限性。当工件的外径较大时,受三面刃铣刀直径的限制,刀杆可能会与工件相碰,因而不能用此法对刀。

(2)划线对刀法。如图 11.6 所示,采用此法对刀时,先要在工件上划中心线和键宽线。划线的方法是:用游标高度尺在工件外圆柱面的两侧(比中心高键宽的一半)各划一条线,然后通过分度头将工件转过 180°,再用游标高度尺试划一次。观察两次所划线之间的宽度是否等于键宽,如不等,则应调整游标高度尺的高度重划,直到划出正确的宽度为止。尺寸线划好后,再通过分度头将工件转过 90°,使划线部分外圆朝上,用游标高度尺在工件端面划出花键的深度线(比实际深度深 0.5 mm 左右)。

铣削时,使三面刃铣刀的侧面刀刃对准键侧线,圆周刀刃对准花键深度线。

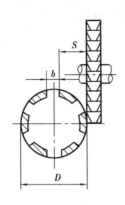

图 11.5　侧面对刀法

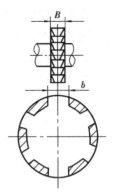

图 11.6　划线对刀法

(3)切痕对刀法。此方法与铣键槽时的切痕对刀法相似,不过此时应使切痕的宽度与键宽相等,并使铣刀的侧刃在外侧与切痕相切。需注意的是,在对刀后应使工件转过半个齿距,以便在铣削时将切痕铣掉。对刀步骤为:

①在分度头的三爪自定心卡盘与尾座之间装夹一直径与工件直径大致相等的试件,用侧面对刀法或划线对刀法初步对刀,并在试件上铣出适当长度的键侧面 1,退出工件,经 180°分度后再铣出键侧面 2,如图 11.7(a)所示。

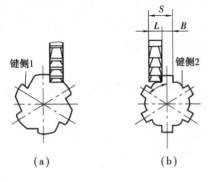

图 11.7　铣花键齿侧

②横向移动工作台,移动量等于键宽与铣刀宽之和,即 $S = b + B$,铣出另一侧面 3,如图 11.7(b)所示。

③退出工件并使其转过 90°,用杠杆百分表比较测量键侧面 1 与 3 的高度,如图 11.7(c)所示。如高度一致,说明花键的对称性很好;如高度不一致,则可按高度差的一半重新调整工作台的横向位置,并使工件转过一个齿距,重复进行试切、测量,直至花键对称度达到要求,且键宽 B 合格为止。

对刀完毕后可换上工件正式进行铣削,这一方法对刀精度较高。

4. 花键的铣削

(1)铣削花键齿侧面。对刀工作完成以后,将横向工作台固定,再纵向退出工件,按照外花键的键深度升高工作台进行切削。铣削时,先铣削花键各齿的同一(右)侧面,如图11.7(a)所示。每铣完一面,按照被加工外花键的齿数计算分度头摇柄转数进行分度,依次铣下一个花键齿的右侧面。

铣完花键各齿的右侧面后,纵向退出工作台,并横向移动工作台,使工件向铣刀方向移动一个距离S,如图11.7(b)所示。再依次铣花键各齿的另一(左)侧面。移动距离S用下式计算:

$$S = B + b \tag{11.2}$$

式中 B——三面刃铣刀宽度,mm;

  b——外花键齿宽,mm。

铣花键齿的左侧时,应先试铣出一小段,退刀停车,用游标卡尺(或千分尺)测量一下花键齿宽是否符合图样要求,如果尺寸合格,横向固定工作台,即可依次铣削各齿的左侧面。

(2)铣削槽底圆弧面。其方法有:

①用锯片铣刀铣削。外花键的两侧面铣好后,在每个齿槽的槽底会留下尖角形状的小凸起,所以还要将这个尖角小凸起铣削掉,这时,可使用小直径锯片铣刀铣削,开始前,应目测使锯片铣刀对准工件中心,如图11.8(a)所示。然后使工件转过一个角度,调整好切深,从靠近键的一侧处开始铣削槽底圆弧面,如图11.8(b)所示。每完成一次走刀,应将工件转过一个小角度后再次走刀,直至将槽底小径圆弧面铣出为止,如图11.8(c)所示。这样铣出的槽底呈多边形,因此工件转过的角度越小,铣槽底的次数越多,槽底就越接近圆弧面。但应注意,铣削时切不可碰伤键的两侧面。

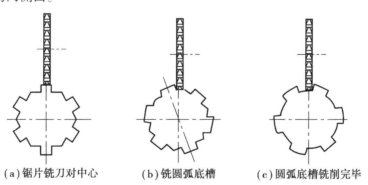

(a)锯片铣刀对中心　　(b)铣圆弧底槽　　(c)圆弧底槽铣削完毕

图11.8　铣削槽底圆弧面

②用成形单刀头铣削。槽底圆弧面也可采用凹圆弧形的成形单刀头铣出,成形单刀头的安装方法如图11.9所示。

用成形刀头铣削槽底圆弧面如图11.10所示。铣削前,应目测使外花键键宽中心与铣刀头中心对准,如图11.10(a)所示,注意对刀不准会造成槽底圆弧中心与工件不同心。紧固横向工作台,然后将工件转过一个角度,缓慢垂向上升工作台,切到槽底小径,当粗铣出圆弧面后,退出工件,将分度头转过180°,粗铣另一圆弧面,然后用千分尺测量小径尺寸,达到要求后,依次铣削完槽底圆弧面,如图11.10(b)所示。

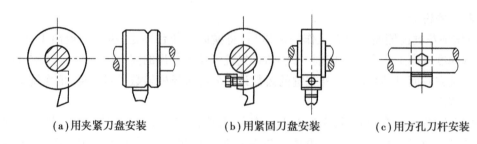

（a）用夹紧刀盘安装　　　　（b）用紧固刀盘安装　　　　（c）用方孔刀杆安装

图11.9　成形单刀头的安装方法

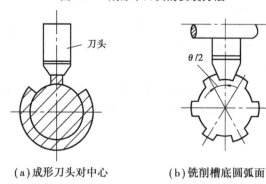

（a）成形刀头对中心　　　　（b）铣削槽底圆弧面

图11.10　用成形刀头铣削槽底圆弧面

二、用组合铣刀铣削矩形齿外花键

1. 用组合铣刀铣削矩形齿外花键简述

用两把三面刃铣刀组合在一起铣削外花键,将外花键的左右键侧面同时铣出,如图11.11（a）所示 。与用单刀铣削相比较,不仅生产效率高,还可以简化步骤。因此,在工件数量较多时,常采用组合铣刀铣削。

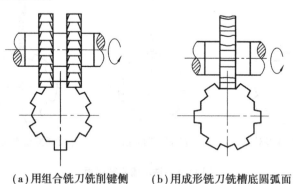

（a）用组合铣刀铣削键侧　　　　（b）用成形铣刀铣槽底圆弧面

图11.11　用组合铣刀铣削矩形齿外花键

2. 用组合铣刀铣削矩形齿外花键时的注意事项

用组合铣刀铣削矩形齿外花键时,工件的装夹和校正方法与单刀铣削时相同,但在选择和安装组合铣刀时,必须注意以下几点:

（1）应选用两把规格相同、直径相等的三面刃铣刀。

（2）在铣刀杆上安装中要先装上一把铣刀,然后套上宽度等于花键齿宽的垫圈,再装上另一把三面刃铣刀。应进行试切,保证花键齿宽在公差范围内。

(3)对刀调整切削位置时,两铣刀内侧刀刃应对称于工件轴线。

对刀方法仍可采用侧面接触对刀法,如图11.12所示。当铣刀的一个侧面刀刃与工件的侧面微微接触后,横向工作台移动距离 S 用下式计算:

$$S = \frac{D}{2} + B + \frac{b}{2} \tag{11.3}$$

式中 D——外花键大径,mm;

B——三面刃铣刀的宽度,mm;

b——外花键齿宽,mm。

对刀工作完成后,将横向工作台紧固,再调整铣削深度。然后紧固升降台,即可进行铣削。每铣完一个花键齿,利用分度摇柄分度后依次铣削。铣削时要控制好工作台垂直上升的吃刀量 h,用下式计算:

$$h = \frac{1}{2}(D - \sqrt{d^2 - b^2}) \tag{11.4}$$

式中 D——外花键大径,mm;

d——外花键小径,mm;

b——外花键齿宽,mm。

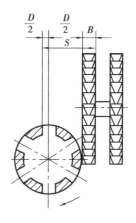

图 11.12 用组合铣刀铣花键的对刀方法

槽底的铣削采用成形铣刀,如图11.11(b)所示。

采用组合铣刀铣削花键的键侧和槽底圆弧面时,工件可分为两次装夹分别铣削,因此可避免铣削一根花键轴都要横向移动工作台和调整切深的麻烦。

三、外花键的检测

外花键的各要素偏差的检测,在单件、小批量生产中,一般用通用量具(游标卡尺、千分尺和百分表等)进行测量。

(1)用千分尺或游标卡尺测量外花键的键宽和小径尺寸。

(2)用百分表测量外花键侧面对工件轴线的平行度和对称度。对称度的测量方法与试切对刀法所用的比较测量方法相同,如图11.13所示。

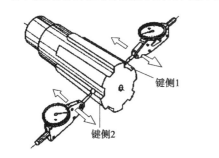

图 11.13 检测键的对称度

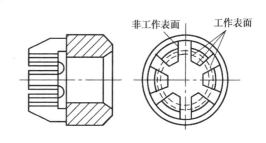

图 11.14 外花键综合量规

在成批、大量生产中,则采用综合量规和单项止端量规相结合的检测方法。外花键综合量规如图11.14所示。检验时,综合量规能均匀通过则被检零件合格。

四、花键轴铣削技能训练

1. 看生产实习图,确定加工步骤

大径定心矩形花键轴如图 11.15 所示。花键轴齿数为 8,花键对基准的对称度、平行度以及等分度公差为 0.03 mm,大径公差为 IT7 级,键宽公差为 IT9 级,材料为 45 钢,单件生产。在卧式铣床上采用单刀铣削加工。

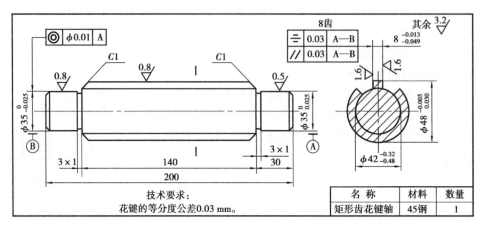

图 11.15　矩形齿形花键轴

2. 铣刀选择

选择三面刃铣刀,铣刀宽度按下式计算:

$$B \leqslant d \sin\left[\frac{\pi}{N} - \arcsin\left(\frac{b}{d}\right)\right] \tag{11.5}$$

式中　B——三面刃铣刀宽度,mm;

N——花键键数;

b——花键键宽,mm;

d——花键小径,mm。

$$B \leqslant d \sin\left[\frac{\pi}{N} - \arcsin\left(\frac{b}{d}\right)\right] = 42 \sin\left[\frac{180°}{8} - \arcsin\left(\frac{8}{42}\right)\right] = 8.39 \text{ mm}$$

选用 80 mm ×8 mm ×27 mm 的三面刃铣刀。

3. 工件的装夹与校正

校正分度头主轴轴线与工作台台面平行,并与纵向进给方向一致,然后校正尾座顶尖与分度头同轴。将工件装夹在分度头与尾座两顶尖间。校正工件的径向跳动在 0.05 mm 以内;校正工件的上母线、侧母线与工作台台面的平行度误差在 0.03 mm/200 mm 以内。

4. 调整铣削宽度 a_e

调整铣削宽度 a_e(即切深),按下式计算:

$$a_e = \frac{1}{2}(\sqrt{D^2 - b^2} - \sqrt{d^2 - b^2}) + 0.5 = \frac{1}{2}(\sqrt{48^2 - 8^2} - \sqrt{42^2 - 8^2}) + 0.5 = 3.55 \text{ mm}$$

上升工件台,使工件与铣刀接触,再使工件台上升一个铣削宽度。

5. 对刀

采用侧面对刀法时,工件台横向移动距离 S 为:

$$S = \frac{D-b}{2} = \frac{48-8}{2} = 20 \text{ mm}$$

6. 铣键侧面

利用分度,铣削 8 个齿的一个侧面,然后将工作台横向移动距离 S_1,$S_1 = b + B = 8 + 8 = 16$ mm,依次铣各键齿的另一侧面。

7. 铣键槽槽底

选用适当的细齿锯片铣刀或改制的成形单刀头按要求铣各键槽底,保证小径尺寸。

五、外花键铣削的质量分析

外花键铣削中常见的质量问题、产生原因及应采取的相应措施见表11.1。

表 11.1　外花键铣削质量分析

质量问题	产生原因	防止措施
键宽尺寸超差	1. 用单刀铣削时,切削位置调整不准 2. 刀具端面刃跳动量过大	1. 准确调整铣刀切削位置 2. 更换垫圈,重新安装铣刀
花键对称度超差	1. 切削位置计算、调整不准 2. 分度不准	1. 重新对刀 2. 正确分度
花键等分不准	1. 工件中心与分度头不同轴 2. 分度头传动间隙过大 3. 分度头摇错	1. 准确校正工件轴线与分度头同轴 2. 分度手柄转动方向一致,消除间隙 3. 正确分度
花键与基准轴线不平行	分度头主轴轴线与纵向进给方向不平行,尾座顶尖与分度头不同轴	重新校正夹具
花键两端小径尺寸不一致	工件轴线与工作台台面不平行	重新校正工件
花键轴中段产生波纹	花键轴细长,刚性差	工件中段用千斤顶支承,增大刚性
键侧产生波纹,表面粗糙度值大	1. 铣刀杆弯曲或垫圈不平行 2. 铣刀杆与挂架轴承配合间隙大 3. 铣刀磨钝 4. 尾座顶尖未顶紧	1. 校正铣刀杆或更换垫圈 2. 调整间隙,加注润滑油 3. 更换铣刀 4. 调整、顶紧工件

六、外花键铣削的注意事项

在铣床上用三面刃铣刀铣削外花键时,应着重注意下列事项:

(1)准确校正夹具(分度头、尾座)的位置,保证工件轴线平行于工作台台面,且与纵向进给方向一致。

(2)三面刃铣刀的宽度在保证不切到邻键侧面的条件下,应选择大的尺寸,以增加铣刀的刚度。铣刀刀刃应锋利,安装后侧面刀刃跳动量要小。

(3)仔细调整铣刀的切削位置,用单刀铣削时铣刀必须准确。

(4)细心分度操作,防止分度错误或未消除分度间隙引起等分不准。

(5)合理选择铣削用量,避免加工中因振动引起键侧面产生波纹。对刚性差的细长花键轴应采取提高工件加工中刚度的措施。

想一想

(1)用三面刃铣刀铣削矩形花键时,若用侧刃铣削花键齿侧,为了保证花键齿侧与轴线平行,应找正_____。

    A. 工件上素线与工作台面平行　　　　　　B. 工件侧素线与进给方向平行

    C. 工件上素线与进给方向平行

(2)在成批大量生产中,通常使用_____检验外花键。

    A. 综合量规　　　　　　　　　　　　　　B. 百分尺

    C. 塞规

(3)铣成的外花键,若小径两端尺寸有大小,主要原因是_____。

    A. 铣刀跳动大　　　　　　　　　　　　　B. 铣刀转速高

    C. 工件上素线与工作台面不平行

(4)用三面刃铣刀铣削外花键时,若刀杆垫圈端面不平行,致使铣刀侧面跳动量过大,会导致外花键_____。

    A. 键宽尺寸超差　　　　　　　　　　　　B. 键侧与工件轴线不平行

    C. 小径尺寸超差

(5)外花键的等分精度差,主要原因是_____。

    A. 铣刀不锋利　　　　　　　　　　　　　B. 进给量较大

    C. 分度头精度差

(6)铣削外花键时,引起键宽尺寸、对称度和等分超差的原因是什么?

(7)铣削外花键时,工件装夹后应找正哪些项目?若找正时偏差较大会产生哪些弊病?

提示

工件装夹后应找正以下项目:①工件两端面的径向圆跳动。②工件的上母线与铣床工作台台面平行。③工件的侧母线与工作台纵向进给方向平行。若工件两端面的径向圆跳动超差,会产生外花键等分误差大等多种弊病;若工件的上母线与铣床工作台台面不平行,会使外花键小径两端尺寸不一致;若工件的侧母线与工作台纵向进给方向不平行,会使外花键键侧平行度超差。

任务三　铣螺旋槽

机械传动的零部件中,有许多工作表面是由螺旋线形成的。常见的螺旋线可分为圆柱螺旋线、圆锥螺旋线和平面螺旋线,本任务将介绍圆柱螺旋线的铣削方法。

一、圆柱螺旋线的形成及要素

1. 螺旋线的形成

如图 11.16(a)所示,动点 A 在圆柱体上作等速旋转的同时,又沿圆柱体作等速直线运动,在这两种运动的配合下,A 点在圆柱表面形成的轨迹就是一条圆柱螺旋线。

2. 螺旋线要素

图 11.16(b)所示是螺旋线的展开图。

（1）导程 P_h。圆柱体每转一转,动点 A 沿其母线移动的距离叫螺旋线的导程。

（2）螺旋角 β。螺旋线与圆柱体轴线之间的夹角叫螺旋角。

（3）螺旋升角 λ。螺旋线与圆柱体端面之间的夹角叫螺旋升角。

（4）螺距 P。圆柱面上相邻两条螺旋线与该圆柱面的一条直母线的两个相邻交点之间的距离,对于单头螺旋线,螺距和导程相等。

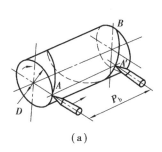
（a）

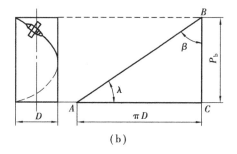
（b）

图 11.16　圆柱螺旋线的形成

（5）线数 n。螺旋线的条数(头数)

各要素之间的关系:

$$P_h = \pi D \cot \beta \tag{11.6}$$

$$\lambda = 90° - \beta \tag{11.7}$$

$$P_h = P_n \tag{11.8}$$

式中　D——圆柱体的直径,mm。

螺旋线有左旋和右旋之分,一般可用左、右手来判断其旋向,如图 11.17 所示。将工件轴线垂直放置,若螺旋线由左下方向右上方升起则为右旋,若螺旋线由右下方向左上方升起则为左旋。

二、螺旋槽的铣削方法

1. 用立铣刀铣削螺旋槽

如图 11.18 所示,在铣刀刚度、强度允许的情况下,直径应尽可能小。切削时注意保持逆铣状态。

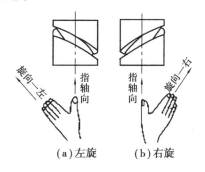

（a）左旋　　（b）右旋

图 11.17　螺旋线的旋向

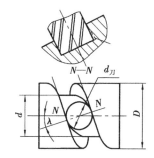

图 11.18　用立铣刀铣削螺旋槽

2. 用盘形铣刀铣削螺旋槽

工件校正对好中心后,要将工作台在水平面内转一个螺旋角,使铣刀的对称中心线与工件轴线形成的角度等于螺旋角,如图 11.19 所示。工作台扳转的角度大小等于螺旋角 β。扳转的方向是:铣左旋螺旋槽时,左手推动工作台顺时针扳转 β 角,铣右旋螺旋槽时,右手推动工作台逆时针扳转 β 角,即:"左旋左推,右旋右推"。

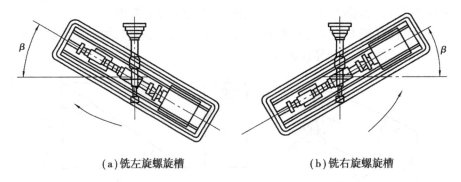

（a）铣左旋螺旋槽　　　　　　　　（b）铣右旋螺旋槽

图 11.19　工作台扳转的方向

3. 铣螺旋槽时配换齿轮的计算及配置

在铣床上铣削圆柱螺旋槽时,为了把工件的旋转运动与工件的直线运动联系起来,要在分度头侧轴和机床纵向丝杆上安装交换齿轮。如图 11.20 所示,并要保证工件转一周,工作台纵向移动一个导程距离,即纵向丝杆转 $P_h/P_{丝}$ 转。交换齿轮的计算公式为:

$$i = \frac{z_1 z_3}{z_2 z_4} = \frac{40 P_{丝}}{P_h} \tag{11.9}$$

式中　Z_1、Z_3——主动交换齿轮齿数;

　　　　Z_2、Z_4——从动交换齿轮齿数;

　　　　$P_{丝}$——纵向丝杆螺距,mm;

　　　　P_h——工件导程,mm。

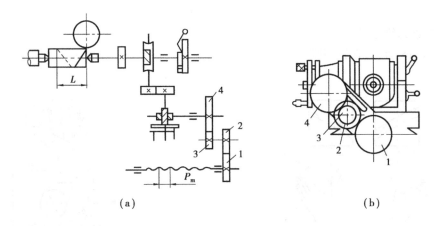

（a）　　　　　　　　　　　　　　（b）

图 11.20　铣螺旋槽时配换齿轮的配置

例　在 X6132 型铣床上,用 FW250 型分度头铣削一螺旋齿铣刀齿槽。已知刀坯直径 $D = 70$ mm,螺旋角 $\beta = 30°$,试选择配换齿轮。

解:先计算导程:

$$P_h = \pi D \cot \beta \quad = 3.14 \times 70 \times \cot 30° = 380.90(\text{mm})$$

$$\frac{z_1 z_3}{z_2 z_4} = \frac{40 P_{丝}}{P_h} = \frac{40 \times 6}{380.90} = \frac{240}{380.90} = \frac{34 \times 90}{100 \times 50}$$

答：$Z_1 = 34$；$Z_2 = 100$；$Z_3 = 90$；$Z_4 = 50$。

由于交换齿轮能使分度头按一定的速比带动工件作匀速的螺旋运动，而切入工件的铣刀刀刃上各点，就相当于工件圆柱上的动点，这样通过几种运动合成，在工件的圆柱面上就可形成一条截形与铣刀廓形相似的螺旋槽。通过分度头的圆周分度，还可以加工多线的螺旋槽。因此，最重要的是如何正确地安装交换齿轮。安装方法如图11.21所示。

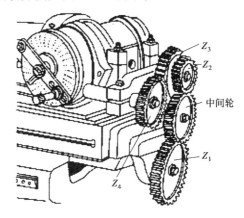

图11.21 安装交换齿轮

4. 在安装交换齿轮时的注意事项

在安装交换齿轮时应注意以下几点：

（1）主、从动交换齿轮位置不得颠倒。但有时为了便于搭配，两主动齿轮1,3的位置可以互换；同样，两从动齿轮2,4的位置也可以互换。

（2）交换齿轮之间应保持一定的间隙，切勿过紧或过松。

（3）用增或减中间轮的方法，调整好工件的左、右旋向。

（4）检查交换齿轮的计算和搭配是否正确。交换齿轮安装后，应检查交换齿轮的计算与搭配是否正确，检查方法可采用摇动进给手轮，使工件回转一周（180°或90°），检查工作台是否移动了一个导程。

三、圆柱螺旋槽铣削技能训练

如图11.22所示，零件上有两条螺旋槽，截面形状为半圆形，螺旋角 $\beta = 25°14'$，材料为45钢，在卧式铣床上用分度头装夹加工。其训练步骤为：

1. 工件的装夹和校正

首先校正分度头和尾座顶尖的公共轴线与纵向进给方向一致，并平行于工作台台面。然后用鸡心夹头将工件装夹于两顶尖之间，校正工件外圆与分度头主轴轴线的同轴度。

2. 选择和安装铣刀

因油槽截面形状是半圆槽，所以选择 $R = 3$ mm 的 $\phi 63$ mm 凸半圆铣刀，用铣刀杆安装在卧式铣床上。

3. 计算并安装交换齿轮

（1）计算导程：

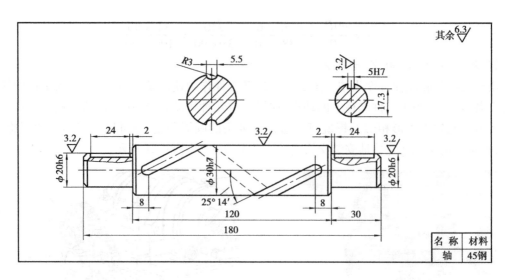

图 11.22 轴

$$P_h = \pi D \cot \beta = 3.14 \times 30 \times \cot 25°14' = 199.985 \approx 200(\text{mm})$$

(2)计算交换齿轮:

$$\frac{z_1 z_3}{z_2 z_4} = \frac{40 P_{\text{丝}}}{P_h} = \frac{40 \times 6}{200} = \frac{240}{200} = \frac{60}{50}$$

主动轮 $Z_1 = 60$,安装在纵向进给丝杆一端,从动齿轮 $Z_2 = 50$,安装在分度头侧轴上。主、从动齿轮之间使用中间齿轮连接。安装交换齿轮时,间隙应适当,不要过紧或过松。

4. 对中心

采用划线与试切相结合的方法,使工件轴线与铣刀廓形中线重合,然后紧固横向工作台。

5. 调转工作台

工件螺旋油槽为左旋,根据"左旋左推",顺时针扳转工作台 25°14'。

6. 铣削油槽

调整切削深度,吃刀后,开车铣第一条油槽,然后落下升降台,退出工件,将分度头主轴转动 180°,再铣第二条油槽。

四、铣削圆柱螺旋槽的注意事项

(1)铣削螺旋槽时,分度头主轴须随工作台移动而回转,因此,应松开分度头主轴紧固手柄,松开分度盘紧固螺钉,并将分度手柄的插销插入分度盘孔中,铣削时不允许拔出,以免铣坏螺旋槽。

(2)铣削多头螺旋槽时,由于铣床和分度头的传动系统内部有一定的传动间隙,所以在每铣好一条螺旋槽后,应使工作台下降一段距离后再退刀,然后再分度铣削下一条螺旋槽,以免铣刀擦伤已加工好的工件表面。

(3)当工件的导程小于 60 mm 时,由于交换齿轮速比大,工作台纵向移动时,会使分度头回转快,铣削时易打刀。最好采用手动进给。即手摇分度头进刀,使进给量较小,切削平稳。

(4)分度头的定位键应安装在铣床工作台中间的 T 形槽内,这样刀具对好中心后,再转动工作台的角度,中心不会改变。

(5)铣削中应防止工件松动。

(6)铣削圆柱螺旋槽时,由于不同直径圆柱表面上的螺旋角不相等(直径大,螺旋角大;直径小,螺旋角小),因此加工中存在着干涉现象,引起螺旋槽侧面被过切而产生槽形畸变。使用盘形铣刀铣削时,过切现象比使用立铣刀铣削严重,因此,法向截面为矩形的螺旋槽只能用立铣刀铣削。采用盘形铣刀加工其他截面形状的螺旋槽时,铣刀直径应尽可能小,以减小干涉的过切量。

五、螺旋槽铣削质量分析

1. 表面粗糙度值大

(1)铣刀不锋利,立铣刀刚度差或装夹不妥,铣床横梁挂架与刀杆轴承套之间间隙过大。

(2)进给量过大。

(3)精铣时加工余量大。

(4)工件装夹刚度差,切削时振动较大。

(5)传动系统间隙过大。

(6)纵向工作台镶条调整过松,进给时工作台抖动。

2. 加工表面有"深啃"现象

进给中途停车

3. 导程不准确

(1)导程、交换齿轮比计算错误。

(2)交换齿轮配置错误,如主、从动交换齿轮颠倒。

(3)调整精度差,如工作台转角误差大。

4. 螺旋槽干涉量过大

(1)铣刀直径过大。

(2)工作台扳转角度不准确。

(3)计算直径选择不对。

想一想

(1)右螺旋线的切线是_____的螺旋线,铣床上铣削的刀具齿槽大多是右螺旋。

　　A. 左上方绕向右下方　　　　B. 左下方绕向右上方　　　　C. 右下方绕向左上方

(2)铣削一单线螺旋槽工件,计算时其导程_____螺旋线的螺距。

　　A. 大于　　　　　　　　　　B. 等于　　　　　　　　　　C. 小于

(3)铣削较大导程的螺旋槽时,须在_____之间配置交换齿轮。

　　A. 分度头主轴和侧轴

　　B. 分度头主轴和工作台丝杆

　　C. 分度头侧轴和工作台丝杆

(4)为什么按照计算公式选择的交换齿轮安装后,试铣时螺旋槽导程却不对?

提示

检查是否交换齿轮的主动轮与被动轮位置错误造成的,若是,则将其位置互换即可。若仍有问题,再验算交换齿轮的计算是否有误。

(5)为什么安装交换齿轮后,进给手柄摇得沉重了许多?

提示

可能是交换齿轮的安装间隙太小所致，需要重新安装，调整间隙。

（6）在卧式铣床上铣左旋螺旋槽，如何能做到保持逆铣方式进行铣削？

提示

在卧式铣床上用盘铣刀铣螺旋槽时，工作台要顺时针方向旋转一个螺旋角；挂轮要保证工件的旋转方向与工作台丝杆的旋转方向相反。若在铣削时出现顺铣，可先降下工件，移动纵向工作台使铣刀调整到工件轴向的另一端位置，再调整好铣削深度并改变进给方向，即可变为逆铣。应注意的是不能通过增减中间轮个数的方法，以改变交换齿轮传动系统运动方向来改变铣削方式；如果改变中间轮的个数，工件上铣削出的将是一个右旋的凹槽。

（7）能否不经过试铣就能检查出交换齿轮的计算或搭配是否正确？

提示

可以通过工件转动一周（或180）来检查工作台是否也移动了相应的距离作为判断依据。

附　录

附表1　角度分度表(分度头定数为40)

分度头主轴转角			分度盘孔数	转过的孔距数	折合手柄转数	分度头主轴转角			分度盘孔数	转过的孔距数	折合手柄转数
度	分	秒				度	分	秒			
0	8	11	66	1	0.015 2	0	20	0	54	2	0.037 0
		43	62	1	0.016 1			23	53	2	0.037 7
	9	9	59	1	0.016 9		21	11	51	2	0.039 2
		19	53	1	0.017 2			36	25	1	0.040 0
		28	57	1	0.017 5		22	2	49	2	0.040 8
	10	0	54	1	0.018 5			30	24	1	0.041 7
		11	53	1	0.018 9			59	47	2	0.042 6
		35	51	1	0.019 6		23	29	46	2	0.043 5
	11	1	49	1	0.020 4		24	33	66	3	0.045 5
		29	47	1	0.021 3		25	7	43	2	0.046 5
		44	46	1	0.021 7			43	42	2	0.047 6
	12	34	43	1	0.023 3		26	8	62	3	0.048 4
		51	42	1	0.023 8			21	41	2	0.048 8
	13	10	41	1	0.024 4		27	27	59	3	0.050 8
		51	39	1	0.025 6			42	39	2	0.051 3
	14	10	38	1	0.026 3			56	58	3	0.051 7
		36	37	1	0.027 0		28	25	38	2	0.052 6
	15	53	34	1	0.029 4				57	3	0.052 6
	16	22	66	1	0.030 0		29	11	37	2	0.054 1
	17	25	62	2	0.032 3		30	0	54	3	0.055 6
	18	0	30	1	0.033 3			34	53	3	0.056 6
		18	59	2	0.033 9		31	46	34	2	0.058 8
		37	58	2	0.034 5				51	3	0.058 8
		57	57	2	0.035 1		32	44	66	4	0.060 6
	19	17	28	1	0.035 7		33	4	49	3	0.061 3

续表

分度头主轴转角			分度盘孔数	转过的孔距数	折合手柄转数	分度头主轴转角			分度盘孔数	转过的孔距数	折合手柄转数
度	分	秒				度	分	秒			
0	34	28	47	3	0.063 8	0	50	57	53	5	0.094 3
		50	62	4	0.064 5		51	26	42	4	0.095 2
	35	13	46	3	0.065 2			15	62	6	0.096 8
	36	0	30	2	0.066 7		52	41	41	4	0.097 6
		37	59	4	0.067 8			56	51	5	0.098 0
	37	14	58	4	0.069 0		54	0	30	3	0.100 0
		40	43	3	0.069 8			55	59	6	0.101 7
	38	34	28	2	0.071 4			6	49	5	0.102 0
		34	42	3	0.071 4		55	23	39	4	0.102 6
	39	31	41	3	0.073 2			52	58	6	0.103 4
	40	0	54	4	0.074 1		56	38	51	4	0.105 3
		45	53	4	0.075 5			57		6	0.105 3
		55	66	5	0.075 8		57	16	66	7	0.106 1
	41	32	39	3	0.076 9			27	47	5	0.106 4
	42	21	51	4	0.078 4			51	28	3	0.107 1
		28	38	3	0.078 9		58	23	37	4	0.108 1
	43	12	25	2	0.080 0			42	46	5	0.108 7
		33	62	5	0.080 6	1	0	0	54	6	0.111 1
		47	37	3	0.081 6			58	62	7	0.112 9
	44	5	49	4	0.081 6		1	8	53	6	0.113 2
	45	0	24	2	0.083 3		2	47	43	5	0.116 3
		46	59	5	0.084 7		3	32	34	4	0.117 6
		57	47	4	0.085 1			—	51	6	0.117 6
	46	33	58	5	0.086 2			4	59	7	0.118 6
		57	46	4	0.087 0		4	17	42	5	0.119 0
	47	22	57	5	0.087 7			48	25	3	0.120 0
		39	34	3	0.088 2			1	58	7	0.120 7
	49	5	66	6	0.090 9		5	27	66	8	0.121 2
	50	0	54	5	0.092 6			51	41	5	0.122 0
		14	43	4	0.093 0		6	7	49	6	0.122 4

分度头主轴转角			分度盘孔数	转过的孔距数	折合手柄转数	分度头主轴转角			分度盘孔数	转过的孔距数	折合手柄转数
度	分	秒				度	分	秒			
1	6	19	57	7	0.122 8	1	23	48	58	9	0.155 2
	7	30	24	3	0.125 0		24	42	51	8	0.156 9
	8	30	47	6	0.127 7		25	16	38	6	0.157 9
	9	14	39	5	0.128 2				57	9	0.157 9
		41	62	8	0.129 0		26	24	25	4	0.160 0
	10	0	54	7	0.129 6		27	6	62	10	0.161 3
		26	46	6	0.130 4			34	37	6	0.152 2
		38	38	5	0.131 6			54	43	7	0.162 8
	11	19	53	7	0.132 1		28	10	49	8	0.163 3
	12	0	30	4	0.133 3		30	0	42	7	0.166 7
		58	37	5	0.135 1				54	9	0.166 7
	13	13	59	8	0.135 6				66	11	0.166 7
		38	66	9	0.136 4				66	11	0.166 7
	14	7	51	7	0.137 3		31	32	59	10	0.169 5
		29	58	8	0.137 9			42	53	9	0.169 8
	15	21	43	6	0.139 5			55	47	8	0.170 2
		47	57	8	0.140 4		32	12	41	7	0.170 7
	17	9	28	4	0.142 9		33	6	58	10	0.172 4
			42	6	0.142 9			55	46	8	0.173 9
			49	7	0.142 9		34	44	57	10	0.175 4
	18	23	62	9	0.145 2		35	18	34	6	0.176 5
	19	1	41	6	0.146 3				51	9	0.176 5
		25	34	5	0.147 1			48	62	11	0.177 4
	20	0	54	8	0.148 1		36	26	28	5	0178 6
		26	47	7	0.148 9			55	39	7	0.179 5
	21	31	53	8	0.150 9		38	11	66	12	0.181 8
		49	66	10	0.151 5		39	11	49	9	0.183 7
	22	10	46	7	0.152 2			28	38	7	0.184 2
		22	59	9	0.152 5		40	0	54	10	0.185 2
	23	5	39	6	0.153 8			28	43	8	0.186 0

续表

度	分	秒	分度盘孔数	转过的孔距数	折合手柄转数	度	分	秒	分度盘孔数	转过的孔距数	折合手柄转数
1	40	41	59	11	0.186 4	1	56	28	51	11	0.215 7
	41	53	53	10	0.198 7			45	37	8	0.216 2
	42	10	37	7	0.189 2		57	23	46	10	0.217 4
		25	58	11	0.189 7		58	32	41	9	0.219 5
		51	42	8	0.190 5			59	59	13	0.220 3
	43	24	47	9	0.191 5	2	0	0	54	12	0.222 2
	44	13	57	11	0.193 0		1	2	58	13	0.224 1
		31	62	12	0.193 5			13	49	11	0.224 5
	45	22	41	8	0.195 1			56	62	14	0.225 8
		39	46	9	0.195 7		2	16	53	12	0.226 4
		53	51	10	0.196 1			44	66	15	0.227 3
	46	22	66	13	0.197 0		3	9	57	13	0.228 1
	48	0	25	5	0.200 0		4	37	39	9	0.230 8
			30	6	0.200 0		5	35	43	10	0.232 6
	49	50	59	12	0.203 4		6	0	30	7	0.233 3
	50	0	54	11	0.203 7			23	47	11	0.234 0
		12	49	10	0.204 1		7	4	34	8	0.235 3
		46	39	8	0.205 1				51	12	0.235 3
	51	11	34	7	0.205 9			54	38	9	0.236 8
		43	58	12	0.206 9		8	8	59	14	0.237 3
	52	5	53	11	0.207 5			34	42	10	0.238 1
		30	24	5	0.208 3		9	8	46	11	0.239 1
	53	1	43	9	0.209 3			34	25	6	0.240 0
		14	62	13	0.209 7		10	0	54	13	0.240 7
		41	38	8	0.210 5			21	58	14	0.241 4
			57	12	0.210 5			39	62	15	0.241 9
	54	33	66	14	0.212 1			55	66	16	0.242 4
		54	47	10	0.212 8		11	21	37	9	0.243 2
	55	43	28	6	0.214 3			42	41	10	0.243 9
			42	9	0.214 3		12	15	49	12	0.244 9

分度头主轴转角			分度盘孔数	转过的孔距数	折合手柄转数	分度头主轴转角			分度盘孔数	转过的孔距数	折合手柄转数
度	分	秒				度	分	秒			
2	12	27	53	13	0.245 3	2	30	42	43	12	0.279 1
		38	57	14	0.245 6		31	12	25	7	0.280 0
	15	0	28	7	0.250 0			35	57	16	0.280 7
			24	6	0.250 0			18	39	11	0.282 1
	17	17	59	15	0.254 2		32	37	46	13	0.282 6
		39	51	13	0.254 9			50	53	15	0.283 0
		52	47	12	0.255 3				28	8	0.285 7
	18	8	43	11	0.255 8		34	17	42	12	0.285 7
		28	39	10	0.256 4				49	14	0.285 7
	19	5	66	17	0.257 6		35	27	66	19	0.287 9
		21	62	16	0.258 1			36	59	17	0.288 1
		39	58	15	0.258 6		36	19	38	11	0.289 5
	20	0	54	14	0.259 3		36	46	62	18	0.290 3
		52	46	12	0.260 9		37	30	24	7	0.291 7
	21	26	42	11	0.261 9			3	41	12	0.292 7
	22	6	38	10	0.263 2		38	17	58	17	0.293 1
			57	15	0.263 2			34	10	0.294 1
		39	53	14	0.264 2		49	51	15	0.294 1
		56	34	9	0.264 7			0	54	16	0.296 3
	23	16	49	13	0.265 3		40	32	37	11	0.297 3
	24	0	30	8	0.266 7			51	47	14	0.297 9
		53	41	11	0.268 3		41	3	57	17	0.298 2
	25	57	37	10	0.270 3		42	0	30	9	0.300 0
	26	26	59	16	0.271 2			1	53	16	0.301 8
	27	16	66	18	0.272 7		43	15	43	13	0.302 3
	28	4	62	17	0.274 2			38	66	20	0.303 0
		14	51	14	0.274 5		44	21	46	14	0.304 3
		58	58	16	0.275 9			45	59	18	0.305 1
	29	22	47	13	0.276 6		45	18	49	15	0.306 1
	30	0	54	15	0.277 8			20	62	19	0.306 5

续表

分度头主轴转角			分度盘孔数	转过的孔距数	折合手柄转数	分度头主轴转角			分度盘孔数	转过的孔距数	折合手柄转数
度	分	秒				度	分	秒			
2		46	9	39	12	0.307 7		4	44	38	13	0.342 1
	47	9	42	13	0.309 5		6	12	58	20	0.344 8
		35	58	18	0.310 3		7	21	49	17	0.346 9
	49	25	51	16	0.313 7			50	46	16	0.347 8
	50	0	54	17	0.314 8		8	11	66	23	0.348 5
		32	38	12	0.315 8			22	43	15	0.348 8
		57	18	0.315 8		9	28	57	20	0.350 9
	51	13	41	13	0.317 1			44	37	13	0.351 4
		49	66	21	0.318 2		10	0	54	19	0.351 9
	52	20	47	15	0.319 1			35	34	12	0.352 9
		48	25	8	0.320 0				51	18	0.352 9
	53	12	53	17	0.320 8		11	37	62	22	0.354 8
		34	28	9	0.321 4	3	12	12	59	21	0.355 9
		54	59	19	0.322 0			51	28	10	0.357 1
	54	12	62	20	0.322 6				42	15	0.357 1
		42	34	11	0.323 5		13	33	53	19	0.358 5
	55	8	37	12	0.324 3			51	39	14	0.359 0
		49	43	14	0.325 6		14	24	25	9	0.360 0
	56	5	46	15	0.326 1		15	19	47	17	0.361 7
		20	49	16	0.326 5			31	58	21	0.362 1
		54	58	19	0.327 6		16	22	66	24	0.363 6
3	0	0	30	10	0.333 3		17	34	41	15	0.365 9
			42	14	0.333 3		18	0	30	11	0.366 7
			54	18	0.333 3			22	49	18	0.367 3
			66	22	0.333 3			37	38	14	0.368 4
	2	54	62	21	0.338 7				57	21	0.368 4
	3	3	59	20	0.339 0		19	34	46	17	0.369 6
		24	53	18	0.339 6		20	0	54	20	0.370 4
		50	47	16	0.340 4			19	62	23	0.371 0
	4	23	41	14	0.341 5			56	43	16	0.372 1

度	分	秒	分度盘孔数	转过的孔距数	折合手柄转数	度	分	秒	分度盘孔数	转过的孔距数	折合手柄转数
3	21	11	51	19	0.372 5	3	38	34	42	17	0.404 8
	21	21	59	22	0.372 9		39	40	59	24	0.406 8
	22	30	24	9	0.375 0		40	0	54	22	0.407 4
	23	46	53	20	0.377 4		40	25	49	20	0.408 2
	24	19	37	14	0.378 4		40	55	66	27	0.409 1
	24	33	66	25	0.378 8		41	32	39	16	0.410 3
	24	50	58	22	0.379 3		42	21	34	14	0.411 8
	25	43	42	16	0.381 0		42	21	51	21	0.411 8
	26	28	34	13	0.382 4		43	2	46	19	0.413 0
	26	49	47	18	0.383 0		43	27	58	24	0.413 8
	27	42	39	15	0.384 6		43	54	41	17	0.414 6
	28	25	57	22	0.386 0		44	9	53	22	0.415 1
	29	2	62	24	0.387 1		45	0	24	10	0.416 7
	29	23	49	19	0.387 8		46	3	43	18	0.418 6
	30	0	54	21	0.388 9		46	27	62	26	0.419 4
	30	31	59	23	0.339 8		47	22	38	16	0.421 1
	30	44	41	16	0.390 2		47	22	57	24	0.421 1
	31	18	46	18	0.391 3		48	49	59	25	0.423 7
	31	46	51	20	0.392 2		49	5	66	28	0.424 2
	32	9	28	11	0.392 9		49	47	47	20	0.425 5
	32	44	66	26	0.393 9		50	0	54	23	0.425 9
	33	9	38	15	0.39 7		51	26	28	12	0.428 6
	33	29	43	17	0.395 4		51	26	42	18	0.428 8
	33	58	53	21	0.396 2		51	26	49	21	0.428 6
	34	8	58	23	0.396 6		52	46	58	25	0.431 0
	36	0	25	10	0.400 0		52	56	51	22	0.431 4
	36	0	30	12	0.400 0		53	31	37	16	0.432 4
	37	45	62	25	0.403 2		54	0	30	13	0.433 3
	38	54	57	23	0.413 5		54	20	53	23	0.434 0
	38	18	47	19	0.404 3		54	47	46	20	0.434 8

续表

分度头主轴转角 度	分	秒	分度盘孔数	转过的孔距数	折合手柄转数	分度头主轴转角 度	分	秒	分度盘孔数	转过的孔距数	折合手柄转数
3	55	10	62	27	0.435 5	4	12	0	30	14	0.466 7
		23	39	17	0.435 9			35	62	29	0.467 7
	56	51	57	25	0.438 6			46	47	22	0.468 1
	57	4	41	18	0.439 0		13	28	49	23	0.469 4
		16	66	29	0.439 4			38	66	31	0.469 7
		36	25	11	0.440 0		14	7	34	16	0.470 6
		58	59	26	0.440 7				51	24	0.470 6
	58	14	34	15	0.441 2			43	53	25	0.471 7
		36	43	19	0.441 9		15	47	33	18	0.473 7
4	0	0	54	24	0.444 4			47	57	27	0.473 7
	1	17	47	21	0.446 8		16	16	59	28	0.474 6
		35	38	17	0.447 4		17	9	42	20	0.476 2
	2	4	58	26	0.448 3		18	16	46	22	0.478 3
		27	49	22	0.449 0		19	12	25	12	0.480 0
	3	32	51	23	0.451 0		20	0	54	26	0.481 5
		52	62	28	0.451 6			41	58	28	0.448 28
	4	17	42	19	0.452 4		21	17	62	30	0.483 9
		32	53	24	0.452 8			49	66	32	0.484 8
	5	27	66	30	0.454 5		22	42	37	18	0.486 5
	6	19	57	26	0.456 1		23	5	39	19	0.487 2
		31	46	21	0.456 5			25	41	20	0.487 8
	7	7	59	27	0.457 6			43	43	21	0.488 4
		30	24	11	0.458 3		24	15	47	23	0.489 4
	8	6	37	17	0.459 5			29	49	24	0.489 8
	9	14	39	18	0.461 5			42	51	25	0.490 2
	10	0	54	25	0.463 0			54	53	26	0.490 6
		15	41	19	0.463 4		25	16	57	28	0.491 2
		43	28	13	0.461 3			25	59	29	0.491 5
	11	10	43	20	0.465 1		30	0	66	33	0.500 0
		23	58	27	0.465 5				42	21	0.500 0

分度头主轴转角			分度盘孔数	转过的孔距数	折合手柄转数	分度头主轴转角			分度盘孔数	转过的孔距数	折合手柄转数
度	分	秒				度	分	秒			
	34	35	59	30	0.508 5		49	17	28	15	0.535 7
		44	57	29	0.508 8			45	41	22	0.536 6
	35	6	53	27	0.509 4		50	0	54	29	0.537 0
		18	51	26	0.509 8			46	39	21	0.538 5
		31	49	25	0.510 2		51	54	37	20	0.540 5
		45	47	24	0.510 6		52	30	24	13	0.541 7
	36	17	43	22	0.511 6			53	59	32	0.542 4
		35	41	21	0.512 2		53	29	46	25	0.543 5
		55	39	20	0.512 8			41	57	31	0.543 9
	37	18	37	19	0.513 5		54	33	66	36	0.545 5
	38	11	66	34	0.515 2		55	28	53	29	0.547 2
		43	62	32	0.516 1			43	42	22	0.547 6
	39	19	58	30	0.517 2		56	8	62	34	0.548 4
		35	54	28	0.518 5			28	51	28	0.549 0
4	40	48	25	13	0.520 0	4	57	33	49	27	0.551 0
	41	44	46	24	0.521 7			56	58	32	0.551 7
	42	51	42	22	0.523 8		58	25	38	21	0.552 6
	43	44	59	31	0.525 4			43	47	26	0.553 2
	44	13	38	20	0.526 3		0	0	54	30	0.555 6
			57	30	0.526 3		1	24	43	24	0.558 1
	45	17	53	28	0.528 3			46	34	19	0.558 8
		53	34	18	0.529 4		2	2	59	33	0.559 3
			51	27	0.529 4			22	25	14	0.560 0
	46	22	66	35	0.530 3	5		44	66	37	0.560 6
		32	49	26	0.530 6			56	41	23	0.561 0
	47	14	47	25	0.531 9		3	9	57	32	0.561 4
	48	0	30	16	0.533 3		4	37	39	22	0.564 1
		37	58	31	0.534 5			50	62	35	0.564 5
		50	43	23	0.434 9		5	13	46	26	0.566 2

续表

分度头主轴转角			分度盘孔数	转过的孔距数	折合手柄转数	分度头主轴转角			分度盘孔数	转过的孔距数	折合手柄转数
度	分	秒				度	分	秒			
5	5	40	53	30	0.566 0	5	21	5	37	22	0.594 6
	6	0	30	17	0.566 7			26	42	25	0.595 2
		29	37	21	0.567 6			42	47	28	0.556 0
	7	4	51	29	0.568 6		22	6	57	34	0.596 5
		14	58	33	0.569 0			15	52	37	0.596 8
	8	34	28	16	0.571 4		24	0	25	15	0.600 0
			42	24	0.571 4				30	18	0.600 0
			49	28	0.571 4		25	62	58	35	0.603 4
	10	0	54	31	0.571 4		26	14	53	32	0.603 8
		13	47	37	0.574 5			31	43	26	0.601 7
		54	66	38	0.575 8			51	38	23	0.605 3
	11	11	59	34	0.576 3		27	16	66	40	0.606 1
	12	38	38	22	0.578 9			51	28	17	0.607 1
			57	33	0.578 9		28	14	51	31	0.607 8
	13	33	62	36	0.580 6			42	46	28	0.608 7
		57	33	25	0.581 4		29	16	41	25	0.609 8
	15	0	24	14	0.583 3			30	59	36	0.610 2
		51	53	31	0.584 9		30	0	54	33	0.611 1
	16	6	41	24	0.585 4			37	49	30	0.612 2
		33	58	34	0.586 2			58	62	38	0.612 9
		57	46	27	0.587 0		31	35	57	35	0.614 0
	17	39	34	20	0.588 2		32	18	30	24	0.615 4
			51	30	0.588 2		33	12	47	29	0.617 0
	18	28	39	23	0.589 7			32	34	21	0.617 6
	19	5	66	39	0.590 9		34	17	42	26	0.619 0
		36	49	29	0.591 8		35	10	58	36	0.620 7
	20	0	54	32	0.592 6		35	27	66	41	0.621 2
		20	59	35	0.593 2			41	37	23	0.621 6

分度头主轴转角			分度盘孔数	转过的孔距数	折合手柄转数	分度头主轴转角			分度盘孔数	转过的孔距数	折合手柄转数
度	分	秒				度	分	秒			
5	36	14	53	33	0.622 6	5	51	49	66	43	0.651 5
	37	30	24	15	0.625 0		52	10	46	30	0.652 2
	38	39	59	37	0.627 1			39	49	32	0.653 1
		49	51	32	0.627 5		53	48	58	38	0.655 2
	39	4	43	27	0.627 9		55	16	38	25	0.657 9
		41	62	39	0.629 0			37	41	27	0.658 5
	40	0	54	34	0.629 6		56	10	47	31	0.659 6
		26	46	29	0.630 4			36	53	35	0.660 4
	41	3	38	24	0.631 6			57	59	39	0.661 0
			57	36	0.631 6		57	6	62	41	0.661 3
		28	49	31	0.632 7	6	0	0	30	20	0.666 7
		42	30	19	0.633 3				42	28	0.666 7
	42	26	41	26	0.634 1				54	36	0.666 7
	43	38	66	42	0.636 4				66	44	0.666 7
	44	29	58	37	0.637 9		3	6	58	39	0.672 4
		41	47	30	0.638 3			40	49	33	0.673 5
	45	36	25	16	0.640 0			55	46	31	0.673 9
	46	9	39	25	0.641 0		4	11	43	29	0.674 4
		25	53	34	0.641 5			52	37	25	0.675 7
	47	9	28	18	0.642 9		5	18	34	23	0.666 8
			42	27	0.622 9			48	62	42	0.677 4
		48	59	38	0.644 1		6	6	59	40	0.678 0
	48	23	62	40	0.645 2			26	28	19	0.678 6
	49	25	34	22	0.647 1			48	53	36	0.679 2
			51	33	0.647 1		7	12	25	17	0.680 0
	50	0	54	35	0.664 81			40	47	32	0.680 9
		16	37	24	0.648 6		8	11	66	45	0.681 8
		32	57	37	0.649 1			47	41	28	0.682 9
	51	38	43	28	0.651 2		9	28	38	26	0.684 2

续表

分度头主轴转角			分度盘孔数	转过的孔距数	折合手柄转数	分度头主轴转角			分度盘孔数	转过的孔距数	折合手柄转数
度	分	秒				度	分	秒			
6	9	28	57	39	0.684 2	6	27	10	53	38	0.717 0
	10	0	54	37	0.685 2			23	46	33	0.717 4
		35	51	35	0.686 3			42	39	28	0.717 9
	12	25	58	40	0.689 7		28	25	57	41	0.719 3
		51	42	29	0.690 5			48	25	18	0.720 0
	13	51	39	27	0.692 3		29	18	43	31	0.720 9
	14	31	62	43	0.693 5		30	0	54	39	0.722 2
		42	49	34	0.693 9			38	47	34	0.723 4
	15	15	59	41	0.694 9		31	2	58	42	0.724 1
		39	46	32	0.695 7			46	51	37	0.725 5
	16	22	66	46	0.697 0			56	62	45	0.725 8
		45	43	30	0.697 7		32	44	66	48	0.727 3
		59	53	37	0.698 1		33	34	59	43	0.728 8
	18	0	30	21	0.700 0		34	3	37	27	0.729 7
		57	57	40	0.701 8		35	7	41	30	0.731 7
	19	9	47	33	0.702 1		36	0	30	22	0.733 3
		28	37	26	0.702 7			44	49	36	0.734 7
	20	0	54	38	0.703 7		37	4	34	25	0.735 3
	21	11	34	24	0.705 9			22	53	39	0.735 8
			51	36	0.705 9			54	38	28	0.736 8
		43	58	41	0.706 9				57	42	0.736 8
		57	41	29	0.707 3		38	34	42	31	0.738 1
	22	30	24	17	0.708 3		39	8	46	34	0.739 1
	23	14	62	44	0.709 7		40	0	54	40	0.740 7
		41	38	27	0.710 5			21	58	43	0.741 4
	24	24	59	42	0.711 9			39	62	46	0.741 9
		33	66	47	0.712 1			55	66	49	0.742 4
	25	43	28	20	0.714 3		41	32	39	29	0.743 6
			42	30	0.714 3			52	43	32	0.744 2
			49	35	0.714 3		42	8	47	35	0.744 7

分度头主轴转角			分度盘孔数	转过的孔距数	折合手柄转数	分度头主轴转角			分度盘孔数	转过的孔距数	折合手柄转数
度	分	秒				度	分	秒			
6	42	21	51	36	0.745 1	7	0	0	54	42	0.777 8
		43	59	44	0.745 8		1	1	59	46	0.779 7
	45	0	28	21	0.750 0			28	41	32	0.780 5
	47	22	57	43	0.754 4		2	37	46	36	0.782 6
		33	53	40	0.754 7		3	15	37	29	0.783 8
		45	49	37	0.755 1			32	51	40	0.784 3
	48	18	41	31	0.756 1		4	28	28	22	0.785 7
		39	37	28	0.756 8			17	42	33	0.785 7
	49	5	66	50	0.757 6		5	6	47	37	0.787 2
		21	62	47	0.758 1			27	66	52	0.787 9
		39	58	44	0.758 6		6	19	38	30	0.789 5
	50	0	54	41	0.759 3				57	45	0.789 5
		24	25	19	0.760 0			46	62	49	0.790 3
		52	46	35	0.760 9			59	43	34	0.790 7
	51	26	42	32	0.761 9		7	30	24	19	0.791 7
		52	59	45	0.762 7			55	53	42	0.792 5
	52	6	38	29	0.763 2		8	17	58	46	0.793 1
		56	34	26	0.764 7			49	34	27	0.794 1
			51	39	0.764 7		9	14	39	31	0.794 9
	53	37	47	36	0.766 0			48	49	39	0.795 9
	54	0	30	23	0.766 7		10	0	54	43	0.796 3
		25	43	33	0.767 4			10	59	47	0.796 6
	55	23	39	30	0.769 2		12	0	30	24	0.800 0
	56	51	57	44	0.771 9		13	38	66	53	0.803 0
	57	16	66	51	0.772 7		14	7	51	41	0.803 9
		44	53	41	0.773 6			21	46	37	0.804 3
	58	4	62	48	0.774 2			58	41	33	0.804 9
		47	49	38	0.775 5		15	29	62	50	0.806 5
		58	58	45	0.741 4			47	57	46	0.807 0

续表

分度头主轴转角			分度盘孔数	转过的孔距数	折合手柄转数	分度头主轴转角			分度盘孔数	转过的孔距数	折合手柄转数
度	分	秒				度	分	秒			
7	16	36	47	38	0.808 5	7	32	54	62	52	0.838 7
	17	9	42	34	0.809 5		33	36	25	21	0.840 0
		35	58	47	0.810 3		34	44	68	32	0.842 1
		50	37	30	0.810 8				57	48	0.842 1
	18	7	53	43	0.811 3		35	18	51	43	0.843 1
	19	19	59	48	0.813 6		36	12	58	49	0.844 8
		32	43	35	0.814 0			55	39	33	0.846 2
	20	0	54	44	0.881 48		37	38	59	50	0.847 5
		32	38	31	0.815 8			50	46	39	0.847 8
		49	49	40	0.816 3		38	11	66	56	0.848 5
	21	49	66	54	0.818 2			29	53	45	0.849 1
	23	5	39	32	0.820 5		39	34	47	40	0.851 1
		34	28	23	0.821 4		40	0	54	46	0.851 9
	24	12	62	51	0.822 6			35	34	29	0.852 9
		42	34	28	0.823 5			59	41	35	0.853 7
		42	51	42	0.823 5		41	37	62	53	0.854 8
	25	16	57	47	0.824 6		42	51	28	24	0.857 1
	26	5	46	38	0.826 1				42	36	0.857 1
		54	58	48	0.827 6				49	42	0.857 1
	27	48	41	34	0.829 3		44	13	57	49	0.859 6
	28	5	47	39	0.829 8			39	43	37	0.860 5
		18	53	44	0.830 2		45	31	58	50	0.862 1
		28	59	49	0.830 5		45	53	51	44	0.862 7
	30	0	30	25	0.833 3		46	22	66	57	0.863 6
			42	35	0.833 3			47	59	51	0.864 4
			54	45	0.833 3		47	2	37	32	0.864 9
			66	55	0.833 3		48	0	30	26	0.866 7
	31	50	49	41	0.836 7			41	53	46	0.867 9
	32	6	43	36	0.837 2			57	38	33	0.868 4
		26	37	31	0.837 8		49	34	46	40	0.869 6

分度头主轴转角			分度盘孔数	转过的孔距数	折合手柄转数	分度头主轴转角			分度盘孔数	转过的孔距数	折合手柄转数
度	分	秒				度	分	秒			
7	50	0	54	47	0.870 4	6		0	30	27	0.900 0
		19	62	54	0.871 0		7	4	51	46	0.902 0
		46	39	34	0.871 8			19	41	37	0.902 4
	51	4	47	41	0.872 3			45	62	56	0.903 2
	52	30	24	21	0.875 0		8	34	42	38	0.904 8
	53	41	57	50	0.877 2		9	3	53	48	0.905 7
		53	49	34	0.877 6			46	43	39	0.900 70
	54	9	41	36	0.878 0		10	0	54	49	0.907 4
		33	66	58	0.878 8			55	66	60	0.909 1
		50	58	51	0.879 3		12	21	34	31	0.911 8
	55	12	25	22	0.880 0			38	57	52	0.912 3
		43	42	37	0.881 0		13	3	46	42	0.913 0
		56	59	52	0.881 4			27	58	53	0.913 8
	56	28	34	30	0.882 4		14	3	47	43	0.914 9
			51	45	0.882 4			14	59	54	0.915 3
	57	13	43	38	0.883 7		15	0	24	22	0.916 7
	58	52	53	47	0.886 8			55	49	45	0.918 4
		59	62	55	0.887 1			13	37	34	0.918 9
8	0	0	54	48	0.888 9	8	16	27	62	57	0.919 4
	1	18	46	41	0.891 3			48	25	23	0.920 0
		37	37	33	0.891 9		17	22	38	35	0.921 1
	2	9	28	25	0.892 9			39	51	47	0.921 6
		33	47	42	0.893 6		18	28	39	36	0.923 1
	2	44	66	59	0.893 9		19	5	66	61	0.924 2
	3	9	38	34	0.894 7			15	53	49	0.924 5
			57	51	0.894 7		20	0	54	50	0.925 9
	4	8	58	52	0.896 6			29	41	38	0.926 8
		37	39	35	0.897 4		21	25	28	26	0.928 6
		54	49	44	0.898 0				42	39	0.928 6
	5	5	59	53	0.898 3		22	6	57	53	0.929 8

179

续表

分度头主轴转角			分度盘孔数	转过的孔距数	折合手柄转数	分度头主轴转角			分度盘孔数	转过的孔距数	折合手柄转数
度	分	秒				度	分	秒			
8	22	20	43	40	0.930 2	8	38	44	51	49	0.960 8
		46	58	54	0.931 0		39	37	53	51	0.962 3
	23	23	59	55	0.932 2		40	0	54	52	0.963 0
	24	0	30	28	0.933 3			43	28	27	0.964 3
		47	46	43	0.934 8		41	3	57	55	0.964 9
	25	10	62	58	0.935 5			23	58	56	0.965 5
		32	47	44	0.936 2			42	59	57	0.966 1
	26	56	49	46	0.938 8		42	0	30	29	0.966 7
	27	16	66	62	0.939 4			35	62	60	0.967 7
	28	14	34	32	0.941 2		43	38	66	64	0.969 7
			51	48	0.941 2		44	7	34	33	0.970 6
	29	26	53	50	0.943 4		45	24	37	36	0.973 0
	30	0	54	51	0.944 4			47	38	37	0.973 7
		49	37	35	0.945 9		46	1	39	38	0.974 4
	31	35	38	36	0.947 4			50	41	40	0.975 6
			57	54	0.947 4		47	9	42	41	0.976 2
	32	4	58	55	0.948 3			27	43	42	0.976 7
		18	39	37	0.948 7		48	16	46	45	0.978 3
		33	59	56	0.949 2			31	47	46	0.978 7
	33	40	41	39	0.951 2			59	49	48	0.979 6
		52	62	59	0.951 6		49	25	51	50	0.980 4
	34	17	42	40	0.952 4			49	53	52	0.981 1
		53	43	41	0.953 5		50	0	54	53	0.981 5
	35	27	66	63	0.954 5			32	57	56	0.982 5
	36	31	46	44	0.956 5			41	58	57	0.982 8
	37	1	47	45	0.957 4			51	59	58	0.983 1
		30	24	23	0.958 3		51	17	62	61	0.983 9
		58	49	47	0.959 2			49	66	65	0.984 8
	38	24	25	24	0.960 0	9	0	0			1.000 0

附表2　差动分度表(分度头定数为40)

工件等分数	假定等分数	分度盘孔数	转过的孔距数	配换齿轮				FW250型　分度头配换齿轮型式
				Z_1	Z_2	Z_3	Z_4	
61	60	30	20	40			60	a
63	60	30	20	60			30	a
67	64	24	15	90	40	50	60	b
69	66	66	40	100			55	a
71	70	49	28	40			70	a
73	70	49	28	60			35	a
77	75	30	16	80	60	40	50	b
79	75	30	16	80	50	40	30	b
81	80	30	15	25			50	a
83	80	30	15	60			40	a
87	84	42	20	50			35	a
89	88	66	30	25			55	a
91	90	54	24	40			90	a
93	90	54	24	40			30	a
97	96	24	10	25			60	a
99	96	24	10	50			40	a
101	100	30	12	40			100	a
103	100	30	12	60			50	a
107	100	30	12	70			25	a
109	105	42	16	80	70	40	30	b
111	105	42	16	80			35	a
113	110	66	24	60			55	a
117	110	66	24	70	55	50	25	b
119	110	66	24	90	55	60	30	b
121	120	54	18	30			90	a

续表

工件等分数	假定等分数	分度盘孔数	转过的孔距数	配换齿轮				FW250 型　分度头配换齿轮型式
				Z_1	Z_2	Z_3	Z_4	
122	120	54	18	40			60	a
123	120	54	18	25			25	a
126	120	54	18	50			25	a
127	120	54	18	70			30	a
128	120	54	18	80			30	a
129	120	54	18	90			30	a
131	125	25	8	80	50	30	25	b
133	125	25	8	80	50	40	25	b
134	132	66	20	50	55	40	60	b
137	132	66	20	100	55	25	30	b
138	135	54	16	80			90	a
139	135	54	16	80	30	40	90	b
141	140	42	12	40	50	25	70	b
142	140	42	12	40			70	a
143	140	42	12	30			35	a
146	140	42	12	60			35	a
147	140	42	12	50			25	a
149	140	42	12	90	25	50	70	b
151	150	30	8	40	50	30	90	b
153	150	30	8	40			50	a
154	150	30	8	40	60	80	50	b
157	150	30	8	70	30	40	50	b
158	150	30	8	80	30	40	50	b
159	150	30	8	90	30	40	50	b
161	160	28	7	25			100	a
162	160	28	7	25			50	a
163	160	28	7	30			40	a
166	160	28	7	60			40	a
167	160	28	7	70			40	a
169	160	28	7	90			40	a

工件等分数	假定等分数	分度盘孔数	转过的孔距数	配换齿轮				FW250型　分度头配换齿轮型式
				Z_1	Z_2	Z_3	Z_4	
171	168	42	10	50			70	a
173	168	42	10	100	35	25	60	b
174	168	42	10	50			35	a
175	168	42	10	50			30	a
177	176	66	15	40	55	25	80	b
178	176	66	15	40	55	50	80	b
179	176	66	15	60	55	50	80	b
181	180	54	12	40	90	25	50	b
182	180	54	12	40			90	a
183	180	54	12	40			60	a
186	180	54	12	40			30	a
187	180	54	12	40	60	70	30	b
189	180	54	12	50			25	a
191	180	54	12	80	60	55	30	b
193	192	24	5	30	90	50	80	b
194	192	24	5	25			60	a
197	192	24	5	100	30	25	80	b
198	192	24	5	50			40	a
199	192	24	5	70	30	50	80	b

参考文献

［1］司巧玲.铣工知识与技能［M］.北京:中国劳动社会保障出版社,2007.

［2］陈志毅.铣工工艺与技能训练［M］.北京:中国劳动社会保障出版社,2007.

［3］翟顺建.铣工工艺［M］.北京:中国劳动社会保障出版社,2007.

［4］胡家富.铣工技能［M］.北京:机械工业出版社,2007.